高等职业教育系列教材

数控车削加工技术

主　编　王　振　李新德
副主编　李景辉　张志鹏　李景才　夏亚涛　王鹏飞
参　编　辛　燕　王冬梅　黄　蓓　韩祥凤　李　芳

机械工业出版社

本书根据数控技术领域职业岗位能力的需求，以工学结合为切入点，以工作过程为导向，打破传统的学科型课程架构，注重实践能力的培养，科学设计重点内容，并由校企合作开发。在内容的组织上，本书融合了数控车床的操作、数控车削加工的工艺分析、编程技术、软件仿真加工等一系列知识，书中案例均来自于企业实际生产项目，从简单到复杂，既有独立性又有联系性，读者可以参照案例举一反三。本书充分利用了现代信息技术手段，将传统纸质教材与音频、视频等数字资源有机结合，学习方式灵活、学习内容丰富，是一本基于数控车削加工工作过程的新形态、立体化教材。

本书适合高等职业院校数控及相关专业学生使用，也可作为传统制造业技术工人更新知识、提高职业技能、学习数控知识的培训教材以及国家职业技能鉴定中、高级数控车工考试的参考用书。

本书配有动画、视频等资源，可扫描书中二维码直接观看。本书还配有授课电子课件、习题答案等，需要的教师可登录机械工业出版社教育服务网 www.cmpedu.com 免费注册后下载，或联系编辑索取（微信：13261377872；电话：010-88379739）。

图书在版编目（CIP）数据

数控车削加工技术 / 王振，李新德主编． --北京：机械工业出版社，2024.8． --（高等职业教育系列教材）．
ISBN 978-7-111-75999-7

Ⅰ．TG519.1

中国国家版本馆 CIP 数据核字第 20249MY243 号

机械工业出版社（北京市百万庄大街 22 号　邮政编码 100037）
策划编辑：曹帅鹏　　　　　　　责任编辑：曹帅鹏　戴　琳
责任校对：曹若菲　薄萌钰　　　责任印制：李　昂
北京捷迅佳彩印刷有限公司印刷
2024 年 9 月第 1 版第 1 次印刷
184mm×260mm・11.75 印张・296 千字
标准书号：ISBN 978-7-111-75999-7
定价：49.00 元

电话服务　　　　　　　　　　　网络服务
客服电话：010-88361066　　　　机　工　官　网：www.cmpbook.com
　　　　　010-88379833　　　　机　工　官　博：weibo.com/cmp1952
　　　　　010-68326294　　　　金　书　网：www.golden-book.com
封底无防伪标均为盗版　　　　　机工教育服务网：www.cmpedu.com

Preface 前 言

随着国家信息化步伐的加快以及教育改革的全面推进，高职院校的人才培养不仅在数量上有所增加，在质量上也有所提高，个性化、自主式学习已经成为普遍的需求，这对目前的教学内容和课程体系的进一步优化提出了更为迫切的要求。为了适应社会的需求，教材的立体化建设是大势所趋，而立体化教学资源是其重要的组成部分。

本书依据高职院校立体化教材建设要求，通过科学设计、校企合作开发，对数控车削加工技术基本素材进行了加工，体现出了"校企互动、工学结合、产教对接、学做合一"的高等职业教育理念。

通过对企业和行业市场的大量调研，针对企业技术人员及高等职业院校的需求现状，在内容的组织上，本书融合了数控车床的操作、数控车削加工的工艺分析、编程技术、软件仿真加工等一系列知识。本书内容包括：①数控车削工艺基础；②制定数控车削工艺；③数控车削编程基础；④数控车削仿真加工；⑤数控机床的操作；⑥外圆车削工艺及编程；⑦端面车削工艺及编程；⑧内孔车削工艺及编程；⑨切槽、切断加工工艺及编程；⑩螺纹车削工艺及编程；⑪典型零件车削工艺及编程。

本书由王振、李新德任主编，李景辉、张志鹏、李景才、夏亚涛、王鹏飞任副主编，参与编写的还有辛燕、王冬梅、黄蓓、韩祥凤、李芳。本书在编写过程中得到了商丘职业技术学院和机电工程学院的领导及老师们的大力支持，在此深表感谢。

由于编者水平和经验有限，书中难免有不足之处，敬请读者批评指正。

编 者

目录 Contents

前言

第1章 数控车削工艺基础 ... 1

1.1 数控车床简介 ... 2
- 1.1.1 数控车床的分类 ... 2
- 1.1.2 数控车床的结构特点 ... 3
- 1.1.3 数控车床用途及主要加工对象 ... 4

1.2 数控车削工艺 ... 6
- 1.2.1 数控车削工艺的基本特点 ... 6
- 1.2.2 数控车削工艺分析的主要内容 ... 8

1.3 典型的数控车床 ... 8
- 1.3.1 数控车床的组成 ... 8
- 1.3.2 数控车床技术参数 ... 10

第2章 制定数控车削工艺 ... 12

2.1 分析零件图及结构工艺性 ... 13
- 2.1.1 零件图分析 ... 13
- 2.1.2 结构工艺性分析 ... 14

2.2 制定数控车削工艺方案 ... 16
- 2.2.1 拟定工艺路线 ... 16
- 2.2.2 确定走刀路线 ... 18
- 2.2.3 数控车削加工工序的划分与设计 ... 19
- 2.2.4 数控车削加工工艺文件 ... 26

2.3 分析典型零件数控车削加工工艺 ... 28
- 2.3.1 轴类零件数控车削加工工艺 ... 28
- 2.3.2 轴套类零件数控车削加工工艺 ... 30

第3章 数控车削编程基础 ... 34

3.1 数控编程概述 ... 34
- 3.1.1 数控编程的步骤 ... 34
- 3.1.2 数控编程基础知识 ... 35

3.2 数控机床坐标系 ... 40
- 3.2.1 数控机床坐标系的规定原则 ... 40
- 3.2.2 坐标轴确定的方法及步骤 ... 41
- 3.2.3 数控机床的两种坐标系 ... 42
- 3.2.4 机床原点与机床参考点 ... 42

3.3 FANUC车削系统常用G指令及应用 ... 43
- 3.3.1 与坐标和坐标系有关的指令 ... 43
- 3.3.2 运动路径控制指令 ... 44

3.4 FANUC 车削系统常用 M 指令及应用 ················ 48

3.5 数控车床的倒角功能 ············ 49

第 4 章 数控车削仿真加工 ················ 51

4.1 数控仿真软件简介 ············ 51
    4.1.1 VNUC 数控仿真软件简介 ····· 51
    4.1.2 上海宇龙数控仿真软件简介 ············ 54

4.2 数控车削仿真加工实例 ······ 58
    4.2.1 VNUC 数控仿真加工实例 ····· 58
    4.2.2 上海宇龙数控仿真加工实例 ············ 63

第 5 章 数控机床的操作 ··········· 75

5.1 FANUC 0i Mate-TD 数控机床面板介绍 ············ 75
    5.1.1 FANUC 0i Mate-TD 系统面板 ··· 75
    5.1.2 机床操作面板 ············ 77

5.2 数控机床基本操作 ············ 80
    5.2.1 开机与关机 ············ 80
    5.2.2 回零操作 ············ 80
    5.2.3 手动操作 ············ 81
    5.2.4 MDI 操作 ············ 81
    5.2.5 编辑方式 ············ 81
    5.2.6 刀具参数设置 ············ 84
    5.2.7 自动加工 ············ 85

第 6 章 外圆车削工艺及编程 ········ 87

6.1 外圆车削工艺 ············ 87
    6.1.1 任务分析 ············ 87
    6.1.2 制定零件加工工艺过程 ······· 88
    6.1.3 实训 ············ 89

6.2 内(外)径简单切削循环指令 G90 ············ 90
    6.2.1 G90 指令作用 ············ 90
    6.2.2 G90 指令说明 ············ 90
    6.2.3 G90 指令特点 ············ 91
    6.2.4 程序编写 ············ 91
    6.2.5 实训 ············ 91

6.3 内(外)径粗车、精车复合循环指令 G71 和 G70 ············ 92
    6.3.1 内(外)径粗车复合循环指令 G71 ············ 92
    6.3.2 内(外)径精车复合循环指令 G70 ············ 94
    6.3.3 程序编写 ············ 94

6.4 固定形状粗车循环指令 G73 ··· 96
    6.4.1 G73 指令说明 ············ 96
    6.4.2 程序编写 ············ 97

6.5 典型外圆车削编程及仿真加工 ··· 98
    6.5.1 程序编写 ············ 98
    6.5.2 仿真加工 ············ 99

6.6 宏程序的应用 ············ 102

| 6.6.1　任务分析 ……………… 102
| 6.6.2　相关知识学习 …………… 102
| 6.6.3　实训 …………………………… 104

第 7 章　端面车削工艺及编程 …………………………… 106

7.1　端面车削工艺 ……………… 106
  7.1.1　工艺分析 ………………… 107
  7.1.2　相关工艺知识 …………… 107
7.2　端面车削方法与编程 ……… 108
  7.2.1　端面粗车复合循环指令 G72 … 108
  7.2.2　程序编写 ………………… 109
7.3　典型端面车削编程及仿真加工 … 110
  7.3.1　程序编写 ………………… 111
  7.3.2　仿真加工 ………………… 112

第 8 章　内孔车削工艺及编程 …………………………… 117

8.1　内孔车削工艺 ……………… 117
  8.1.1　相关工艺知识 …………… 117
  8.1.2　轴套加工的装夹方案 …… 120
8.2　内孔加工方法 ……………… 120
  8.2.1　钻孔 ……………………… 120
  8.2.2　扩孔 ……………………… 125
  8.2.3　铰孔 ……………………… 126
8.3　典型内孔车削编程 ………… 126
8.4　薄壁零件加工工艺 ………… 127
  8.4.1　零件图分析 ……………… 127
  8.4.2　确定加工方法 …………… 127
  8.4.3　工件装夹 ………………… 128
  8.4.4　刀具和切削用量选择 …… 128

第 9 章　切槽、切断加工工艺及编程 …………………… 130

9.1　切槽加工工艺 ……………… 130
9.2　一般凹槽的切削工艺与编程 … 132
  9.2.1　凹槽加工工艺简介 ……… 132
  9.2.2　程序编写 ………………… 133
9.3　复合循环切削沟槽指令 G75 … 135
9.4　切断工艺及编程 …………… 137
9.5　子程序在切槽加工中的应用 … 138

第 10 章　螺纹车削工艺及编程 …………………………… 140

10.1　螺纹车削加工概述及加工工艺 … 140
  10.1.1　螺纹车削加工基础 ……… 140
  10.1.2　螺纹车削加工工艺的选择 … 142
10.2　螺纹切削加工指令及编程 …… 144

10.2.1 单行程螺纹切削指令 G32 …………………… 144
10.2.2 单一固定循环车削螺纹指令 G92 …………… 145
10.2.3 螺纹切削复合循环指令 G76 …………………… 147

10.3 内螺纹切削工艺与编程 ……… 149

10.3.1 内螺纹加工有关尺寸的确定 …………………… 149
10.3.2 内螺纹加工工艺分析 …… 150
10.3.3 编程实例 ………………… 151

10.4 典型螺纹车削工艺分析、编程及仿真实践 …………… 152

10.4.1 工艺分析及编程 ………… 152
10.4.2 仿真实践 ………………… 156

第 11 章 典型零件车削工艺及编程 …………… 160

11.1 典型轴类零件车削工艺分析、编程及仿真加工 ………… 160

11.1.1 工艺分析 ………………… 160
11.1.2 编制程序 ………………… 163
11.1.3 仿真加工 ………………… 164

11.2 典型轴套类零件车削工艺分析、编程及仿真加工 …… 167

11.2.1 工艺分析 ………………… 168
11.2.2 编制程序 ………………… 170
11.2.3 仿真加工 ………………… 173

11.3 选用可转位车刀的刀尖圆弧半径及补偿 ………………… 176

11.3.1 刀尖圆弧半径含义及其对零件精度的影响 ……… 177
11.3.2 刀尖圆弧半径补偿指令 …… 177
11.3.3 刀尖圆弧半径补偿的应用 ……………………… 178

参考文献 …………… 180

第 1 章　数控车削工艺基础

教学目标

【知识目标】
1. 了解数控车床的组成和分类。
2. 掌握数控车削工艺的特点。
3. 学习数控加工工艺的制定。

【能力目标】
1. 认知常见的数控车床。
2. 掌握数控加工工艺的制定的方法。

【素质目标】
了解数控加工技术的发展方向。

任务导入

数控车床是数控机床中应用最为广泛的一种机床，常见的数控车床如图 1-1 所示。数控车床在结构及其加工工艺上与普通车床相类似，但由于数控车床是由计算机数字信号控制的机床，其加工是通过事先编制好的加工程序来控制的，所以在工艺特点上又与普通车床有所不同。本章将重点介绍数控车床的加工工艺特点及其分类。

a) 卧式数控车床　　　　　　　　b) 立式数控车床

图 1-1　常见的数控车床

1.1 数控车床简介

1.1.1 数控车床的分类

数控车床是装备了数控系统的车床。它由数控系统通过伺服驱动系统控制各运动部件的动作，主要用于轴类和盘类回转体零件的多工序加工，具有高精度、高效率、高柔性化等综合特点，适合中小批量生产、多品种、多规格形状复杂的零件。

随着数控车床制造技术的不断发展，以及为了满足不同的加工需要，数控车床的品种和数量越来越多，形成了产品繁多、规格不一的局面。对数控车床的分类可以采用不同的方法。

1. 按数控系统的功能分类

（1）全功能型数控车床

图1-2所示为采用闭环或半闭环控制的伺服系统的全功能型数控车床，可以进行多个坐标轴的控制，具有高刚度、高精度和高效率等特点。如配有日本 FANUC-OTE、德国 SIEMENS-810T 系统的数控车床都是全功能型的。

（2）经济型数控车床

图1-3所示的经济型数控车床是在普通车床基础上改造而成的，一般采用步进电动机驱动的开环控制系统，其控制部分通常采用单片机来实现。

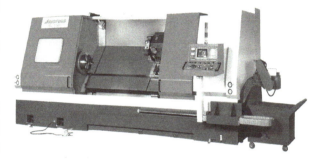

图 1-2　全功能型数控车床

（3）车削中心

图1-4所示的车削中心是一种复合加工机床。在工件一次装夹后，它不但能完成对回转型面的加工，还能完成回转零件上各个端面的加工，如在圆柱端面上车槽或平面等。

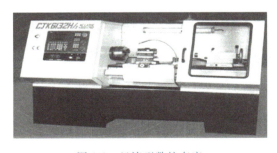

图 1-3　经济型数控车床

图 1-4　车削中心

2. 按主轴的配置形式分类

（1）卧式数控车床

卧式数控车床是主轴轴线处于水平位置的数控车床，如图1-1a所示。

（2）立式数控车床

立式数控车床是主轴轴线处于竖直位置的数控车床，如图 1-1b 所示。

3. 按数控系统控制的轴数分类

（1）两轴控制的数控车床

两轴控制的数控车床上只有一个排刀架或回转刀架，如图 1-5 所示，多采用水平导轨，可实现两坐标轴（X、Z）控制。

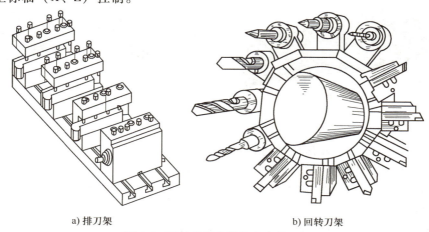

a) 排刀架　　　　　　　　　　　　b) 回转刀架

图 1-5　两轴控制的数控车床的刀架

（2）四轴控制的数控车床

四轴控制的数控车床上有两个独立的回转刀架，如图 1-6 所示，多采用斜置导轨，可实现四坐标轴控制。

（3）多轴控制的数控车床

多轴控制的数控车床是指数控车床除控制 X、Z 两轴外，还可控制 Y、B、C 轴进行数控复合加工，也就是功能复合化的数控车床，其结构如图 1-7 所示。

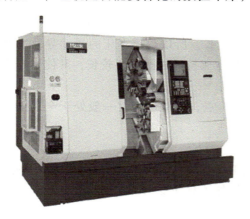

图 1-6　四轴控制的数控车床

图 1-7　多轴控制的数控车床结构

1.1.2　数控车床的结构特点

从整体上看，数控车床与普通车床的机械结构相似，但由于数控车床的特点与普通车床不同，其机械结构有一定的改变，如图 1-8 所示。

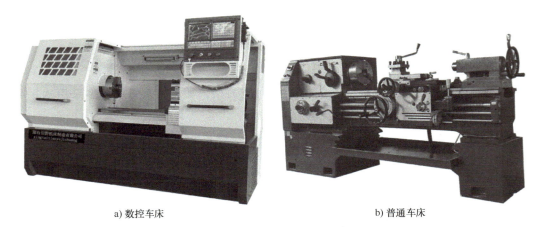

a) 数控车床　　　　　　　　　　　　b) 普通车床

图 1-8　数控车床与普通车床

与普通车床相比，数控车床的结构有以下特点：

1）由于数控车床刀架两个方向的运动分别由两台伺服电动机驱动，所以它的传动链短。不必使用交换齿轮、光杠等传动部件，用伺服电动机直接与丝杠连接，进而带动刀架运动。伺服电动机与丝杠也可以用同步带副或齿轮副连接。

2）数控车床是采用直流或交流主轴控制单元来驱动主轴，按控制指令做无级变速，主轴之间不必用多级齿轮副来进行变速。为扩大变速范围，现在一般还要通过一级齿轮副来实现分段无级变速，即使这样，数控车床主轴箱内的结构仍比普通车床简单得多。数控车床的另一个结构特点是刚度大，这是为了与高精度的控制系统相匹配，以适应高精度的加工。

3）数控车床拖动轻便。刀架移动一般采用滚珠丝杠副（滚珠丝杠副是数控车床的关键机械部件之一）。滚珠丝杠两端安装的滚动轴承是专用轴承，它的压力角比常用的向心推力球轴承要大得多。这种专用轴承应配对安装，最好在轴承出厂时就已经是经过选配、成对的状态。

4）为了拖动轻便，数控车床的润滑都比较充分，大部分采用油雾自动润滑。

5）由于数控机床的精度较高、控制系统的寿命较长，所以数控车床的滑动导轨也要求耐磨性好。数控车床一般采用镶钢导轨，这样机床精度保持的时间就比较长，其使用寿命也可延长许多。

6）数控车床具有加工冷却充分、防护较严密等特点，自动运转时一般处于全封闭或半封闭状态。

7）数控车床一般还配有自动排屑装置。

近年来，随着数控车床的模块化发展，数控加工设备增加了柔性化的特点。先进的柔性加工不仅满足了多品种、小批量生产的需要，而且增加了自动变换工件的功能，能交替完成两种或更多种不同零件的加工，可实现夜间无人看管情境的生产操作。

1.1.3　数控车床用途及主要加工对象

数控车削是数控加工中用得最多的加工方法之一。由于数控车床具有加工精度高、可实现直线和圆弧插补功能以及在加工过程中能自动变速等特点，因此其加工范围比普通车床大得多。与普通车床相比，数控车床比较适合车削具有以下要求和特点的回转体零件。

1. 精度要求高的零件

零件的精度要求主要指对尺寸、形状、位置和表面等的精度要求，其中的表面精度主要指表面粗糙度。由于数控车床刚性好，制造和对刀精度高，并能方便、精确地进行人工补偿和自动补偿，所以它能加工尺寸精度要求较高的零件，有些场合能达到"以车代磨"的效果。另外，由于数控车床的运动是通过高精度插补运算和伺服驱动来实现的，所以它能加工对直线度、圆度、圆柱度等形状精度要求高的零件，如图1-9所示。

a) 高精度的机床主轴零件

b) 高速电机主轴零件

图 1-9　精度要求高的回转体零件可采用数控加工

2. 表面粗糙度值小的零件

数控车床具有恒线速切削功能，能加工出表面粗糙度值小且均匀的零件。因为在材质、精车余量和刀具已定的情况下，表面粗糙度值的大小取决于进给量和切削速度。如果切削速度变化，会使车削后零件的表面粗糙度不一致，如果使用数控车床的恒线速切削功能，就可用最佳线速度来切削锥面、球面和端面等，使车削后零件的表面粗糙度值既小又一致。

3. 表面轮廓形状复杂的零件

由于数控车床具有直线和圆弧插补功能（部分数控车床还有某些非圆弧曲线插补功能），所以它可以车削由任意直线和各类平面曲线组成的形状复杂的回转体零件，包括通过拟合计算处理后的、不能用方程式描述的列表曲线。图1-10所示的带有型腔的连接套、阀门壳体，在普通车床上是无法加工的，而在数控车床上则很容易加工出来。

a) 连接套

b) 阀门壳体

图 1-10　典型轮廓复杂零件

4. 带特殊螺纹的工件

数控车床能加工各类螺纹，包括等导程的直螺纹、圆锥螺纹和端面螺纹，增导程、减导程以及要求等导程与变导程之间平滑过渡的螺纹。通常在数控车床主轴箱内安装有脉冲编码器，主轴的运动通过同步带1∶1地传到脉冲编码器。伺服电动机驱动主轴旋转，当主轴旋转时，脉冲编码器便发出检测脉冲信号给数控系统，使主轴电动机的旋转与刀架的切削进给量保持同步关系，即实现加工螺纹时主轴转一转，刀架移动一个导程的运动关系。而且车削出来的螺纹精度高，表面粗糙度值小，图1-11所示为带特殊螺纹的非标丝杠。

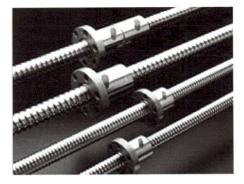

图1-11 带特殊螺纹的非标丝杠

5. 淬硬回转体零件

在大型模具加工中，有很多尺寸大而形状复杂的零件。这些零件经过热处理后的变形量较大，磨削加工困难，因此可以用陶瓷车刀在数控机床上对淬硬后的零件进行车削加工，以车代磨，提高加工效率。

1.2 数控车削工艺

1.2.1 数控车削工艺的基本特点

车削加工的工艺特点就是工件旋转做主运动，车刀做进给运动。车削加工可以在卧式车床、立式车床、转塔车床、仿形车床、自动车床、数控车床，以及各种专用车床上进行，主要用来加工各种回转体表面，如外圆（含外回转槽）、内圆（含内回转槽）、平面（含台阶端面）、锥面、螺纹和滚花面等。根据所选用的车刀角度和切削用量的不同，车削可分为粗车、半精车和精车等。

粗车的标准公差等级为IT11~IT12，表面粗糙度 Ra 为 $25~12.5\mu m$；半精车的标准公差等级为IT9~IT10，表面粗糙度值 Ra 为 $6.3~3.2\mu m$；精车的标准公差等级为IT7~IT8（外圆可达到IT6），Ra 为 $1.6~0.8\mu m$。

1. 车削外圆

车削外圆是最常见、最基本的车削方法，75°外圆车刀车削外圆如图1-12所示。

2. 车削内圆（孔）

车削内圆（孔）是指用车削方法扩大工件的孔或加工工件的内表面。这也是常用的车削方法之一。孔的形状不同，车孔的方法也有差异。车削通孔如图1-13a所示。车削内圆（孔）退刀槽，需加工出通孔之后使用内孔槽刀加工，如图1-13b所示。

在车削盲孔和阶梯孔时，车刀要先纵向进给，当车到孔的根部时再横向进给，从外向中心进给车端面或台阶端面，如图1-13c和图1-13d所示。

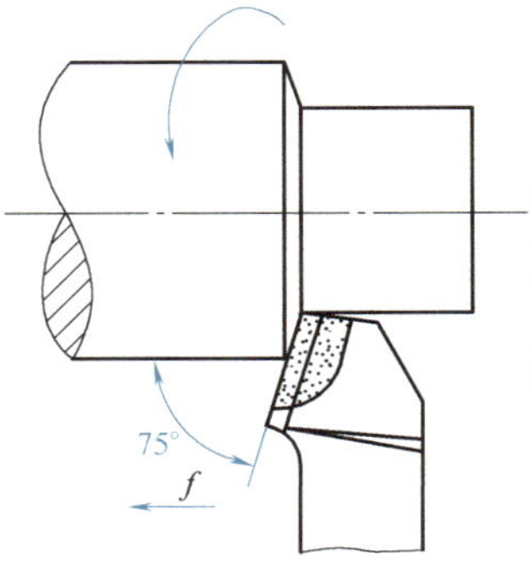

图1-12 75°外圆车刀车削外圆

3. 车削平面

车削平面主要指的是车端平面（包括台阶端面），常见的方法如下：

1) 使用45°偏刀车削平面，可采用较大切削深度，切削顺利，表面光洁，大、小平面均可车削，如图 1-14 所示。

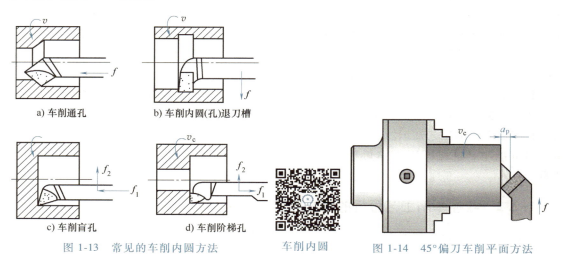

a) 车削通孔　　b) 车削内圆(孔)退刀槽

c) 车削盲孔　　d) 车削阶梯孔

图 1-13　常见的车削内圆方法

车削内圆

图 1-14　45°偏刀车削平面方法

2) 使用 90°右偏刀从外向中心进给车削平面，适用于加工尺寸较小的平面或一般的台阶端面，如图 1-15a 所示。

3) 使用左偏刀车削平面，刀头强度较高，适用于车削较大平面，尤其是铸锻件的大平面，如图 1-15b 所示。

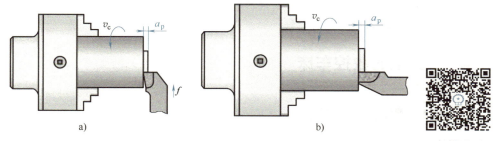

图 1-15　90°右偏刀和左偏刀车削端面方法

车削平面

4. 车削锥面

锥面可分为内锥面和外锥面，可以分别视为内圆、外圆的一种特殊形式，如图 1-16 所示。

5. 车削螺纹

车削螺纹也是最常见、最基本的一种车削工艺，如图 1-17 所示。

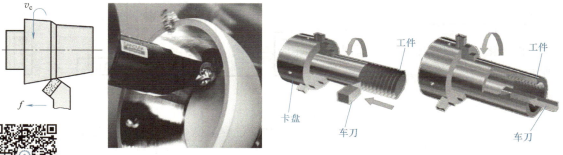

图 1-16　车削锥面方法　　图 1-17　车削螺纹方法

车削锥面

数控加工的工艺路线设计与普通机床加工的常规工艺路线的主要区别：数控加工可能只参与几道工序，而不是从毛坯到成品的整个工艺过程。一般来讲，一个工件的制造过程一般是由数控加工和常规机械加工组合而成的。由于数控加工工序一般都与常规加工工序穿插在一起，因此在工艺路线设计中一定要兼顾数控加工工序和常规加工工序，将两者进行合理的安排，使之与整个工艺过程协调吻合。

数控加工工艺是不能与常规加工工艺截然分开的。对于比较复杂的零件，数控加工流程中可能会穿插很多常规加工工序，所涉及的常规工艺的种类也会更多。这就要求数控工艺员具备扎实而全面的工艺知识。在实施数控加工之前，应先使用常规的切削工艺，把加工余量减到尽可能小。这样既可以缩短数控加工时间，降低加工成本，同时又可以保证加工的质量。

1.2.2　数控车削工艺分析的主要内容

工艺分析是数控车削加工的前期准备工作。工艺制定的合理与否，对程序编制、加工效率、加工精度等都有重要影响。因此，应遵循一般的工艺原则并结合数控车床的特点，认真而详细地制定零件的数控车削加工工艺。

数控车削工艺分析包括以下主要内容：
1）分析待加工工件的工艺性。
2）拟定加工工艺路线，包括划分工序、选择定位基准、安排加工顺序和组合工序等。
3）设计加工工序，包括选择工装夹具与刀具、确定走刀路线、确定切削用量等。
4）编制工艺文件。

1.3　典型的数控车床

1.3.1　数控车床的组成

数控车床与普通车床结构类似，但由于数控车床实现了计算机控制，伺服电动机驱动刀具做连续纵向和横向进给运动，所以数控车床的进给传动系统与普通车床的进给传动系统在结构上存在着本质上的差别。普通车床主轴的运动经过交换齿轮架、进给箱、溜板箱传到刀架，实现纵向（z向）和横向（x向）的进给运动。而数控车床的运动采用伺服电动机经滚珠丝杠传到滑板和刀架，实现纵向（z向）和横向（x向）的进给运动。可实现数控车床进给传动系统的结构简化。数控车床的组成如图1-18所示。

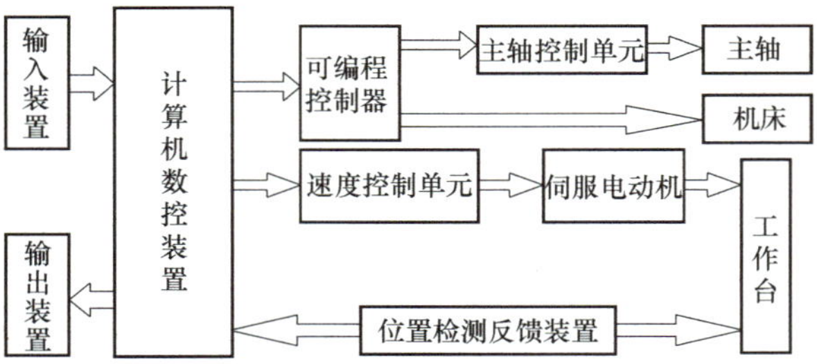

图1-18　数控车床的组成

1. 机床本体

由于数控车床切削用量大、连续加工发热量大等因素会对加工精度有一定影响，加工过程又是自动控制，不能像普通车床那样由人工进行调整、补偿，所以其设计要求比普通车床更严格，制造要求更精密，采用了许多新结构，以加强刚性、减小热变形、提高加工精度。图1-19所示为机床本体部件结构。

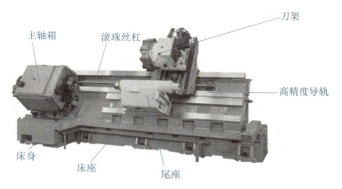

图 1-19　机床本体部件结构

2. 数控（CNC）装置

数控装置是数控系统的核心，如图 1-20 所示，主要包括中央处理器（CPU）、存储器、局部总线、外围逻辑电路以及与数控系统的其他组成部分连接的各种接口等。数控机床的数控系统完全由软件处理输入信息，可处理逻辑电路难以处理的复杂信息，使数控系统的性能大幅提高。

3. 输入设备

键盘、磁盘机等是数控机床典型的输入设备。除此以外，还可以用串行通信的方式输入。

4. 伺服单元

伺服单元是数控装置和机床本体的联系环节，它将来自数控装置的微弱指令信号放大成控制驱动装置的大功率信号。根据接收指令的不同，伺服单元有数字式和模拟式之分，而模拟式伺服单元按电源种类不同又可分为直流伺服单元和交流伺服单元。

图 1-20　数控装置

5. 驱动装置

驱动装置把经伺服单元放大的指令信号转变为机械运动，通过机械传动部件驱动机床主轴、刀架、工作台等精确定位或按规定的轨迹做严格的相对运动，最后加工出图样所要求的零件。驱动装置和伺服单元相对应，可分为步进电动机、直流伺服电动机和交流伺服电动机等。

驱动装置和伺服单元合称为伺服驱动系统，它是机床工作的动力装置，数控装置的指令要靠伺服驱动系统付诸实施。所以，伺服驱动系统是数控机床的重要组成部分。从某种意义上说，数控机床功能的强弱主要取决于数控装置，而数控机床性能的好坏主要取决于伺服驱动系统。

6. 可编程控制器

图 1-21 所示为可编程控制器（PLC），它已成为数控机床不可缺少的控制装置。CNC 装置和 PLC 协调配合，共同完成对数控机床的控制。用于数控机床的 PLC 一般分为两类：一类是 CNC 装置的生产厂家为实现数控机床的顺序控制，而将 CNC 装置和 PLC 综合起来设计，称为内装型（或集成型）PLC，内装型 PLC 是 CNC 装置的一部分；另一类是以独立专

业化的 PLC 生产厂家的产品来实现顺序控制功能，称为独立型（或外装型）PLC。

7. 测量装置

测量装置（反馈元件）通常安装在机床的工作台或丝杠上，相当于普通机床的刻度盘，它把机床工作台的实际位移转变成电信号反馈给 CNC 装置，供 CNC 装置与指令值比较产生误差信号，以控制机床向消除该误差的方向移动。因此，测量装置是高性能数控机床的重要组成部分。此外，由测量装置和显示环节构成的数显装置，可以在线显示机床移动部件的坐标值，大幅提高了工作效率和工件的加工精度。

图 1-21 可编程控制器

1.3.2 数控车床技术参数

数控车床的主要技术参数包括最大回转直径、最大工件长度、最大车削长度、刀架上回转直径、主轴中心至床身平面导轨距离、主轴通孔直径、主轴孔前端锥度、主轴头型式、尾架套筒内孔锥度、主轴转速范围、刀架纵向的快移速度、刀架横向的快移速度、上/下刀架最大行程、刀架转盘回转角度、刀杆截面尺寸、床尾套筒直径、床尾套筒锥度、床尾主轴最大行程、机床净重等。

技术参数是用户购买机床时的主要依据，表 1-1 所列为 CA6140 和 CK6136 的技术参数，显示了数控车床与普通车床在技术参数种类和数值上的不同。

表 1-1 CA6140 和 CK6136 的技术参数

序号	项目	CA6140	CK6136
1	最大回转直径/mm	400	360
2	最大工件长度/mm	750	750
3	最大车削长度/mm	750	750
4	刀架上回转直径/mm	210	180
5	主轴中心至床身平面导轨距离/mm	205	205
6	主轴通孔直径/mm	52	52
7	主轴孔前端锥度	莫氏锥度 5 号	莫氏锥度 6 号
8	主轴头型式	A6	D6
9	尾架套筒内孔锥度	莫氏锥度 4 号	莫氏锥度 4 号
10	主轴转速范围/(r/min)	10~1400（正转） 14~1580（反转）	200~1820
11	刀架纵向的快移速度/(m/min)	4	6
12	刀架横向的快移速度/(m/min)	2	3

（续）

序号	项目	CA6140	CK6136
13	上/下刀架最大行程/mm	140/320	140/320
14	刀架转盘回转角度/(°)	±90	±90
15	刀杆截面尺寸/mm(长×宽)	25×25	20×20
16	床尾套筒直径/mm	75	65
17	床尾套筒锥度	莫氏锥度5号	莫氏锥度4号
18	床尾主轴最大行程/mm	150	120
19	机床净重/kg	1200	1600

第 2 章　制定数控车削工艺

教学目标

【知识目标】
1. 掌握如何分析零件图。
2. 掌握加工顺序、走刀路径的安排和工装、夹具的选择。
3. 掌握切削用量的选择原则。

【能力目标】
根据图样能编制合理的加工工艺规程。

【素质目标】
1. 培养学生的知识应用能力和学习能力。
2. 培养学生良好的工作习惯。

任务导入

典型轴类零件如图 2-1 所示，该零件由外圆柱面、外圆锥面、圆弧面、螺纹构成，外形较复杂，毛坯尺寸为 φ60mm×175mm，其材料为铝棒料，要求分析工艺过程与工艺路线并制定工艺文件。

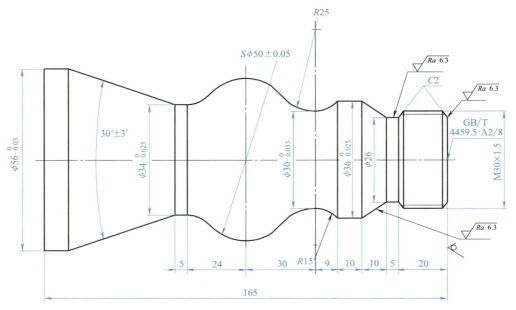

图 2-1　典型轴类零件

2.1 分析零件图及结构工艺性

数控车削加工工艺是以普通车削加工工艺为基础，结合数控车床的特点，综合运用多方面的知识来解决数控车削加工过程中面临的工艺问题，主要内容有分析零件图，确定工序和工件在数控车床上的装夹方式，确定各表面的加工顺序和刀具的进给路线，以及刀具、夹具和切削用量的选择等。

工艺分析是数控车削加工的前期工艺准备工作。工艺制定的合理与否，对程序编制、机床的加工效率和零件的加工精度等都有重要影响。因此，编制加工程序前，应遵循一般的工艺原则并结合数控车床的特点，认真而详细地考虑零件图的工艺分析，确定工件在数控车床上的装夹，刀具、夹具和切削用量的选择等。制定车削加工工艺之前，必须先对被加工零件的图样进行分析。

2.1.1 零件图分析

1. 构成零件轮廓的几何要素分析

由于设计等各种原因，在图样上可能出现加工轮廓的数据不充分、尺寸模糊不清及尺寸封闭等问题，从而增加编程的难度，有时甚至无法编写程序，如图 2-2 所示。

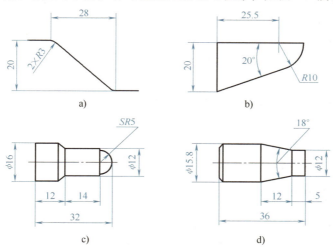

图 2-2 几何要素缺陷示意图

如图 2-2a 所示，两圆弧的圆心位置是不确定的，不同的理解将得到完全不同的结果。如图 2-2b 所示，圆弧与斜线的关系要求为相切，但经计算后的结果却为相割关系，而非相切。这些问题的产生是由于图样上的图线位置模糊或尺寸标注不清，使编程工作无从下手。如图 2-2c 所示，标注的各段长度之和不等于其总长尺寸，而且漏掉了倒角尺寸。如图 2-2d 所示，圆锥体的各尺寸已经构成封闭尺寸链。这些问题都给编程计算带来困难，甚至产生不必要的误差。

当发生以上问题时，应及时向图样的设计人员或技术管理人员反映，解决后方可进行程序的编制工作。

2. 尺寸标注方法分析

在数控车床的编程中，点、线、面的位置一般都是以工件坐标原点为基准的。因此，零件图中尺寸标注应根据数控车床编程特点尽量直接给出坐标尺寸，或采用同一基准标注尺寸，减少编程辅助时间，这样容易满足加工要求。图 2-3 所示为集中引注尺寸标注法。

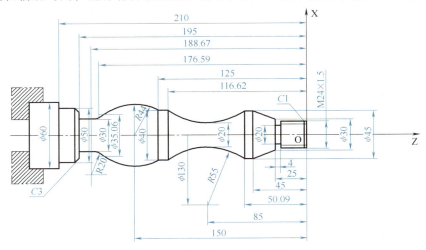

图 2-3　集中引注尺寸标注法

3. 精度和技术要求分析

保证零件精度和各项技术要求是最终目标，只有在充分分析零件相关精度和技术要求的基础上，才能合理选择加工方法、装夹方法、刀具及切削用量等。

加工精度和技术要求分析的主要内容如下：

1) 分析精度及各项技术要求是否齐全、合理。对采用数控加工的表面，其精度要求应尽量一致，以便最后能实现一刀连续加工。

2) 分析本工序的数控车削加工精度能否达到图样要求，若达不到，需采用其他措施（如磨削）弥补的话，注意给后续工序留有加工余量。

3) 对于具有较高位置精度要求的表面，应在一次装夹下完成加工。

4) 对表面粗糙度要求较高的表面，应采用恒线速进行切削加工。

2.1.2　结构工艺性分析

零件的结构工艺性是指零件对加工方法的适应性，即所设计的零件结构应便于加工成形。在数控车床上加工零件时，应根据数控车削的特点，认真审视零件结构的合理性。在结构分析时，若发现问题应向设计人员或有关部门提出修改意见。表 2-1 所列为一些常见零件的结构工艺性分析示例。

表 2-1　常见零件结构工艺性分析示例

序号	工艺性不好		工艺性好	
	图样	说明	图样	说明
1		孔离箱壁太近，钻头在圆角处易引偏；箱壁高度尺寸大，需加长钻头方能钻孔		加长箱耳，不需加长钻头；若允许将箱耳设计在不与箱壁干涉的一端，则不需加长箱耳，即可完成加工

（续）

序号	工艺性不好		工艺性好	
	图样	说明	图样	说明
2	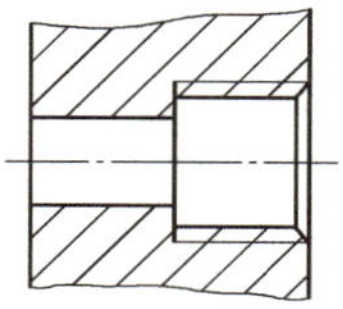	车螺纹时，螺纹根部易打刀，且不能清根	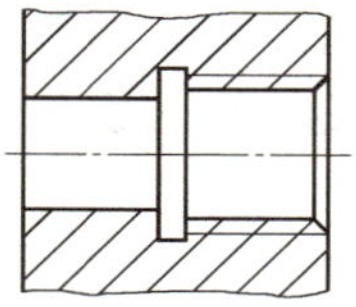	留有退刀槽，可使螺纹清根，避免打刀
3	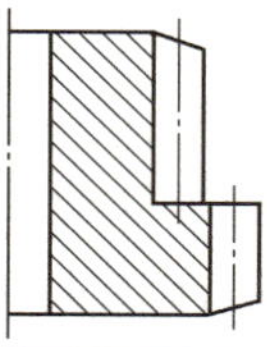	插齿无退刀空间，小齿轮无法加工	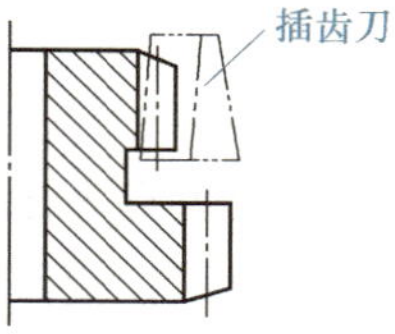	大齿轮可滚齿或插齿，小齿轮可以插齿加工
4	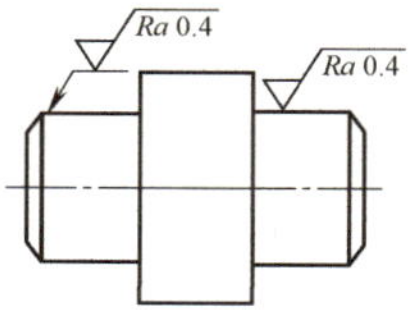	两端轴颈需磨削加工，因砂轮圆角而不能清根	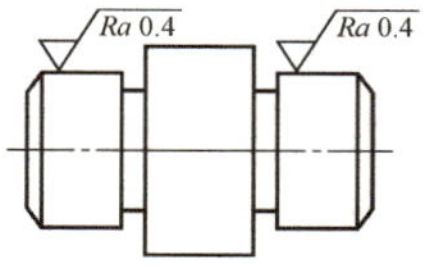	留有砂轮越程槽，磨削时可以清根
5	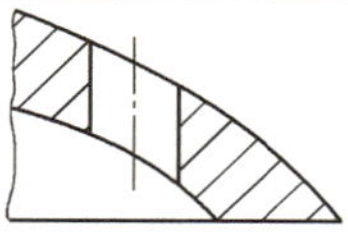	斜面钻孔，钻头易引偏	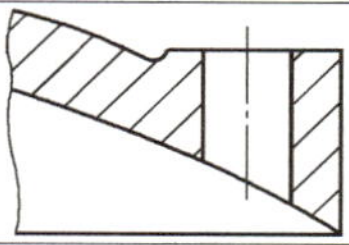	只要结构允许留出平台，可直接钻孔
6	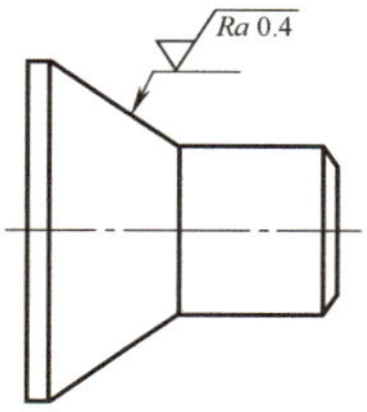	锥面加工时易碰伤圆柱面，且不能清根	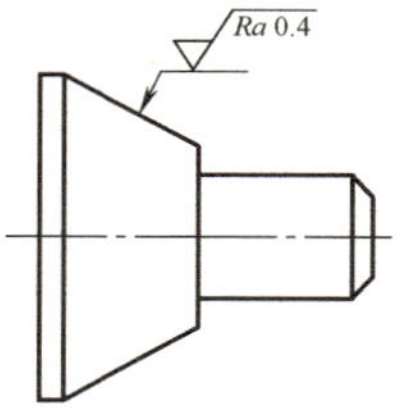	按图示结构设计零件，即可方便地对锥面进行加工
7	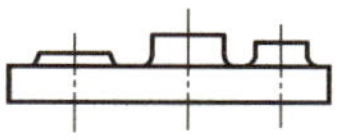	加工面高度不同，需两次调整刀具加工，影响生产率	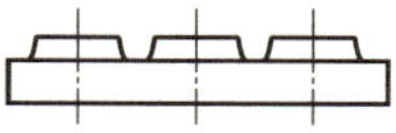	加工面在同一高度，一次调整刀具可加工两个平面
8	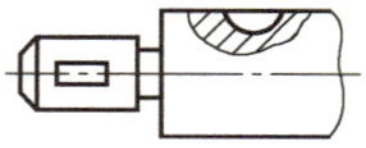	加工键槽时，需调整方向两次加工	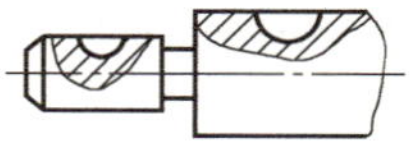	将阶梯轴的两个键槽设计在同一方向上，一次装夹即可完成对两个键槽加工
9	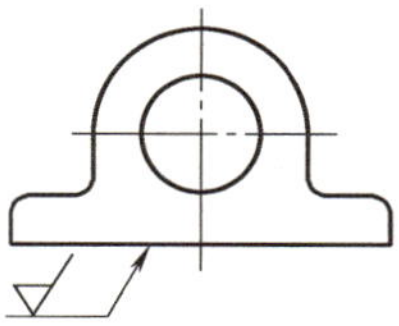	加工面大，加工时间长，平面度误差大	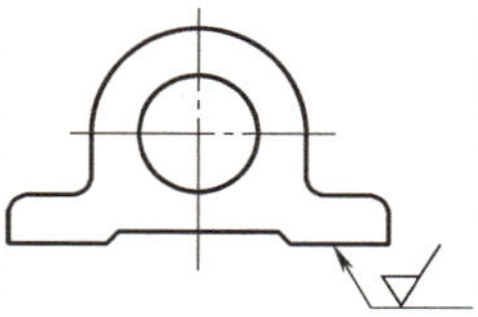	加工面减小，节省工时，减少刀具损耗并且容易保证平面度
10	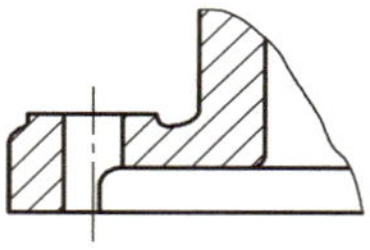	内壁孔出口处有阶梯面，钻孔时孔易钻偏或钻头折断	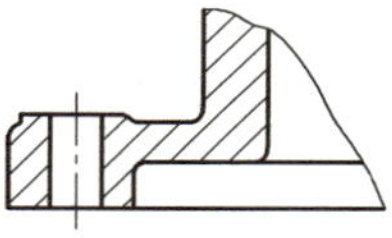	内壁孔出口处平整，钻孔方便，易保证孔中心的位置度

2.2 制定数控车削工艺方案

研究制定工艺方案的前提：熟悉本厂机床设备条件，把加工任务指定给最适宜的工种，尽可能发挥机床的加工特长与使用效率。并通过分析上述零件图所了解的加工要求，合理安排加工顺序。

2.2.1 拟定工艺路线

1. 加工方法的选择

选择数控车削加工方法时应重点考虑如下三个方面：①能保证达到零件的加工精度和表面粗糙度要求；②使走刀路线最短，提高加工效率；③使编程节点数值计算简单，程序段数量少，以减少编程工作量。一般根据零件的加工精度、表面粗糙度、材料、结构形状、尺寸及生产类型来确定零件表面的数控车削加工方法及加工方案。

（1）数控车削外回转表面加工方法的选择

回转体类零件外回转表面的加工方法主要是车削和磨削，当零件表面粗糙度要求较高时，还要经光整加工。

一般外回转表面的加工方案见表 2-2。

表 2-2 外回转表面加工方案

序号	加工方案	经济精度等级	表面粗糙度 $Ra/\mu m$	适用范围
1	粗车	IT11 以上	50~12.5	适用于淬火钢以外的各种金属的加工
2	粗车—半精车	IT8~IT10	6.3~3.2	
3	粗车—半精车—精车	IT7~IT8	1.6~0.8	
4	粗车—半精车—精车—滚压（或抛光）	IT7~IT8	0.2~0.025	
5	粗车—半精车—磨削	IT7~IT8	0.8~0.4	主要用于淬火钢，也可用于未淬火钢的加工，但不宜加工有色金属
6	粗车—半精车—粗磨—精磨	IT6~IT7	0.4~0.1	
7	粗车—半精车—粗磨—精磨—超精加工（或轮式超精磨）	IT5	0.1~0.012	
8	粗车—半精车—精车—金刚石车	IT6~IT7	0.4~0.025	主要用于要求较高的有色金属加工
9	粗车—半精车—粗磨—精磨—超精磨或镜面磨	IT5 以下	0.025~0.006	极高精度的外圆加工
10	粗车—半精车—粗磨—精磨—研磨	IT5 以下	0.1~0.006	

（2）数控车削内回转表面加工方法的选择

回转体类零件内回转表面的加工方法主要是钻削和磨削，当零件表面粗糙度要求较高时还要经光整加工。

一般内回转表面的加工方案见表 2-3。

表 2-3 内回转表面加工方案

序号	加工方案	经济精度等级	表面粗糙度 Ra/μm	适用范围
1	钻	IT11~IT12	12.5	加工未淬火钢及铸铁的实心毛坯,也可用于加工有色金属(但表面粗糙度值稍大,孔径小于20mm)
2	钻—铰	IT9	3.2~1.6	
3	钻—铰—精铰	IT7~IT8	1.6~0.8	
4	钻—扩	IT10~IT11	12.5~6.3	加工未淬火钢及铸铁的实心毛坯,也可用于加工有色金属(但表面粗糙度值稍大,孔径大于20mm)
5	钻—扩—铰	IT8~IT9	3.2~1.6	
6	钻—扩—粗铰—精铰	IT7	1.6~0.8	
7	钻—扩—机铰—手铰	IT6~IT7	0.4~0.1	
8	钻—扩—拉	IT7~IT9	1.6~0.1	大批大量生产(精度由拉刀的精度而定)
9	粗镗(或扩孔)	IT11~IT12	12.5~6.3	除淬火钢外的各种材料,毛坯有铸出孔或锻出孔
10	粗镗(扩)—半精镗(精扩)	IT8~IT9	3.2~1.6	
11	粗镗(扩)—半精镗(精扩)—精镗(铰)	IT7~IT8	1.6~0.8	
12	粗镗(扩)—半精镗(精扩)—精镗—浮动镗刀精镗	IT6~IT7	0.8~0.4	
13	粗镗(扩)—半精镗—磨孔	IT7~IT8	0.8~0.2	主要用于加工淬火钢,也可用于未淬火钢,但不宜用于有色金属
14	粗镗(扩)—半精镗—粗磨—精磨	IT6~IT7	0.2~0.1	
15	粗镗—半精镗—精镗—金刚镗	IT6~IT7	0.4~0.05	主要用于精度要求高的有色金属加工
16	钻—(扩)—粗铰—精铰—珩磨;钻—(扩)—拉—珩磨;粗镗—半精镗—精镗—珩磨	IT6~IT7	0.2~0.025	精度要求很高的孔
17	钻—(扩)—粗铰—精铰—研磨;钻—(扩)—拉—研磨;粗镗—半精镗—研磨	IT6 以下	0.2~0.012	

2. 加工顺序的安排

在选定加工方法后,就是划分工序和合理安排工序的顺序。工件的加工工序通常包括切削加工工序、热处理工序和辅助工序。

安排工件车削加工顺序时一般遵循下列原则:

1) 先粗后精。对于粗、精加工在一道工序内进行的情况,应先对各表面进行粗加工,然后进行半精加工和精加工,逐步提高加工精度,如图 2-4 所示。若粗车后所留加工余量的均匀性满足不了精加工的要求,则要安排半精车,为精车做准备。为保证加工精度,精车一定要一刀切出。此原则的实质是在一个工序内分阶段加工,这有利于保证工件的加工精度,适用于精度要求高的场合。

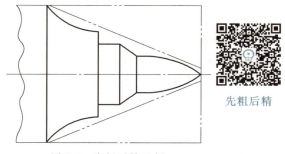

图 2-4 先粗后精示例

2) 先近后远。通常在粗加工时,离换刀点近的部位先加工,离换刀点远的部位后加工,以便缩短刀具移动距离，减少空行程时间，并且有利于保持毛坯或半成品件的刚度，改善其切削条件。图 2-5 所示的零件是直径相差不大的阶梯轴，加工这类零件时，当第一刀的切削深度未超限时，刀具宜按 φ40mm→φ42mm→φ44mm 的顺序加工。如果按 φ44mm→φ42mm→φ40mm 的顺序安排车削，则不仅会增加

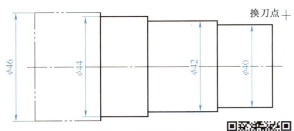

图 2-5 先近后远示例

先近后远

刀具返回换刀点时所需的空行程时间，还可能使台阶的外直角处产生毛刺。

3）内外交叉。对既有内表面（内型、内腔），又有外表面的零件，安排加工顺序时，应先粗加工内、外表面，然后精加工内、外表面。加工内、外表面时，通常先加工内型和内腔，然后加工外表面。

4）刀具集中。尽量用一把刀具加工完各相应部位后，再换另一把刀具加工相应的其他部位，以减少空行程和换刀时间。

5）基准面先行。用作基准面的表面应优先加工出来，因为定位基准的表面越精确，装夹误差就越小。

2.2.2 确定走刀路线

确定走刀路线的主要工作是确定粗加工及空行程的进给路线，因为精加工的进给路线基本上是沿着零件轮廓顺序进给的。走刀路线一般是指刀具从起刀点开始运动，直至返回该点并结束加工程序所经过的路径，包括切削加工的路径及刀具引入、刀具切出等非切削空行程。

（1）刀具引入、刀具切出

在数控车床上进行加工时，尤其是精车，要妥当考虑刀具的引入、切出路线，尽量使刀具沿轮廓的切线方向引入、切出，以免因切削力突然变化而造成弹性变形，致使光滑连续轮廓上产生表面划伤、形状突变或刀痕滞留等缺陷。

尤其是车螺纹时，必须设置升速进刀段（空刀导入量）δ_1 和减速退刀段（空刀导出量）δ_2（见图 2-6），这样可避免因车刀升降速而影响螺距的稳定。δ_1、δ_2 一般按下式选取：$\delta_1 \geqslant$ 导程；$\delta_2 \geqslant 0.75 \times$ 导程。

（2）确定最短的空行程路线

确定最短的走刀路线，除了依靠大量的实践经验，还要善于分析，必要时可辅以简单计算。

1）灵活设置程序循环起点。在车削加工编程时，多数情况采用固定循环指令编程，

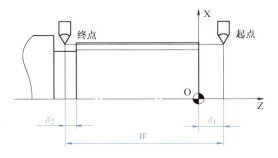

图 2-6 螺纹加工的导入、导出量

如图 2-7 所示，它是一种采用矩形循环方式进行外轮廓粗车的示例。考虑加工中换刀的安全，常将起刀点设在离毛坯较远的位置 A 点处，同时，将起刀点和循环起点重合，其走刀路线如图 2-7a 所示。若将起刀点和循环起点分开设置，分别在 A 点和 B 点处，则其走刀路线如图 2-7b 所示。显然，图 2-7b 所示的走刀路线短。

2）合理安排返回换刀点。在手工编制较复杂轮廓的加工程序时，编程者有时将每一刀加

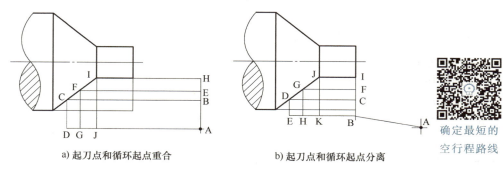

a) 起刀点和循环起点重合　　　　b) 起刀点和循环起点分离

图 2-7　起刀点和循环起点

工完后的刀具设置为返回换刀点，使其每加工完一刀，就返回换刀点位置，然后执行后续程序。这样会增加走刀路线的距离，从而降低生产率。因此，在不换刀的前提下，执行退刀动作时，刀具应不用返回到换刀点。安排走刀路线时，应尽量缩短前一刀终点与后一刀起点间的距离，满足走刀路线为最短的要求。

（3）确定最短的切削进给路线

切削进给路线短可有效地提高生产率、降低刀具的损耗。在安排粗加工或半精加工的切削进给路线时，应同时兼顾工件的刚度及加工的工艺性要求。

图 2-8 所示是几种不同切削进给路线的示意图，其中，图 2-8a 所示为封闭轮廓复合车削循环的进给路线，图 2-8b 所示为三角形进给路线，图 2-8c 所示为矩形进给路线。

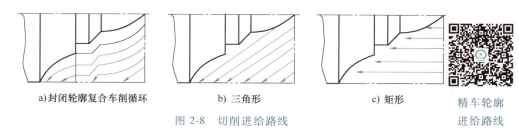

a) 封闭轮廓复合车削循环　　　　b) 三角形　　　　c) 矩形

图 2-8　切削进给路线

对以上三种切削进给路线分析和判断可知：矩形进给路线的走刀长度总和最短，即在同等条件下，其切削所需的时间（不含空行程）最短，刀具的损耗小。另外，矩形进给路线的程序段格式较简单。所以，在制定加工方案时，建议采用矩形进给路线。

（4）零件轮廓精加工一次走刀完成

在安排可以一刀或多刀进行的精加工工序时，零件轮廓应由最后一刀连续加工而成，此时，加工刀具的进、退刀位置要考虑妥当，尽量不要在连续轮廓中安排切入、切出、换刀及停顿，以免因切削力突然变化而造成弹性变形，致使光滑连续的轮廓上产生表面划伤、形状突变或刀痕滞留等缺陷。

总之，在保证加工质量的前提下，使加工具有最短的进给路线，不仅可以节省整个加工过程的执行时间，还能减少不必要的刀具耗损及机床进给滑动部件的磨损等。

2.2.3　数控车削加工工序的划分与设计

1. 数控车削加工工序划分方法

工序是指一个（或一组）工人在一个工作场地（如一台机床）对同一个（或若干个）劳动对象连续完成的各项生产活动的总和。它是组成生产过程的最小单元。若干个工序组成工艺阶段。

数控车削加工工序划分常有以下几种方法：

1）按安装次数划分工序。以每一次装夹作为一道工序，主要适用于加工内容不多的零件。

2）按加工部位划分工序。按零件的结构特点分成几个加工部分，每个部分作为一道工序。

3）按所用刀具划分工序。即用同一把刀具或同一类刀具加工完成零件所有需要加工的部位，以达到节省时间、提高效率的目的。刀具集中分序法属于按所用刀具划分工序。

4）按粗、精加工划分工序。对易变形或精度要求较高的零件常用这种方法。这种划分工序一般不允许一次装夹就完成所有加工，而是粗加工时留出一定的加工余量，重新装夹后再完成精加工。

2. 数控车削加工工序设计

数控车削加工工序划分后，对每个加工工序都要进行设计。

（1）确定装夹方案

在数控车床上根据工件结构特点和加工要求，确定合理装夹方式，选用相应的夹具。如轴类零件的定位方式通常是一端外圆固定，即用自定心卡盘、单动卡盘或弹簧套固定工件的外圆表面，但此定位方式对工件的悬伸长度有一定的限制。若工件的悬伸长度过长，在切削过程中会产生较大的变形，严重时将无法切削。对于切削长度过长的工件可以采用"一夹一顶"或"两顶尖"装夹。

数控车床常用的装夹方法有以下几种：

1）自定心卡盘装夹。自定心卡盘（见图2-9）是数控车床最常用的夹具。它的特点是可以自定心，夹持工件时一般不需要找正，装夹速度较快，但夹紧力较小，定心精度不高，适用于装夹中小型圆柱体、截面为正三角或正六边形工件，不适用于同轴度要求高的工件的二次装夹。

自定心卡盘常见的有机械式和液压式两种。数控车床上经常采用液压式自定心卡盘，它特别适合于批量生产。

2）单动卡盘装夹。用单动卡盘（见图2-10）装夹时，夹紧力较大，装夹精度较高，不受卡爪磨损的影响，但夹持工件时需要找正。它适用于装夹偏心距较小、形状不规则或大型的工件等。

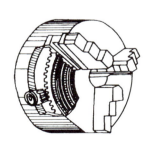

图2-9　自定心卡盘

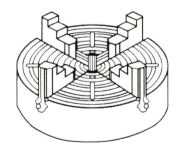

图2-10　单动卡盘

3）软爪装夹。由于自定心卡盘的定心精度不高，当加工同轴度要求高的工件时，二次装夹常常使用软爪（见图2-11）。软爪是一种可以加工的卡爪，在使用前参照待加工工件特别制造。

4)中心孔定位装夹

① 两顶尖装夹。对于轴向尺寸较大或加工工序较多的轴类工件,为保证每次装夹时的装夹精度,可用两顶尖装夹,如图 2-12 所示,其前顶尖为普通顶尖,装在主轴孔内,并随主轴一起转动,后顶尖为活顶尖,装在尾架套筒内。工件通过中心孔被顶在前、后顶尖之间,并通过鸡心夹头带动旋转。这种方式不需要找正,装夹精度高,适用于多工序加工或精加工。

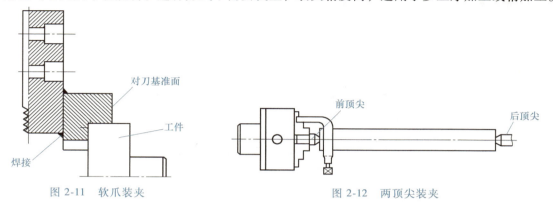

图 2-11 软爪装夹　　　　　　　　图 2-12 两顶尖装夹

② 拨动顶尖。拨动顶尖有内、外拨动顶尖和端面拨动顶尖两类。内、外拨动顶尖是通过带齿的锥面嵌入工件来拨动工件旋转,端面拨动顶尖是利用端面的拨爪带动工件旋转,适合装夹直径在 50~150mm 之间的工件。

③ 一夹一顶。在车削较重、较长的轴类工件时,可采用一端夹持,另一端用后顶尖顶住的方式安装工件,这样会使工件更为稳固,从而能选用较大的切削用量进行加工。为了防止工件因切削力作用而产生轴向窜动,必须在卡盘内装一限位支承,或用工件的台阶限位,如图 2-13 所示。此装夹方法比较安全,能承受较大的轴向切削力,故应用很广泛。

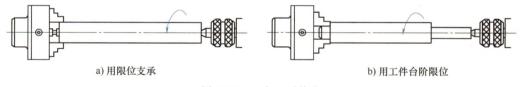

a)用限位支承　　　　　　　　b)用工件台阶限位

图 2-13 一夹一顶装夹

5)利用其他工装夹具装夹。数控车削加工中有时会遇到形状复杂或不规则的工件,不能用自定心或单动卡盘等夹具装夹,需要借助其他工装夹具装夹,如花盘、角铁等,图 2-14 所示为在花盘上装夹双孔连杆,图 2-15 所示为角铁的安装方法。在批量生产时,还要采用专用夹具装夹。

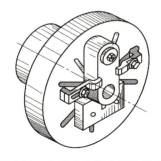　　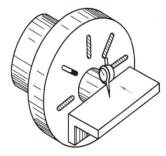

图 2-14 在花盘上装夹双孔连杆　　　　图 2-15 角铁的安装方法

（2）选用刀具

刀具选择是数控加工工序设计中的重要内容之一。选择数控车削刀具通常要考虑数控车床的加工能力、工序内容及工件材料等因素。与普通车削相比，数控车削对刀具的要求更高，不仅要求精度高、刚度大、寿命长，而且要求尺寸稳定、安装调整方便。

1）常用数控焊接车刀。常用数控焊接车刀的种类和形状如图2-16所示。

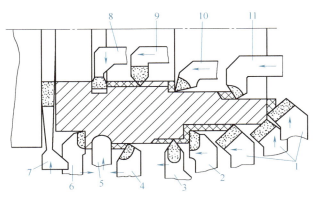

图2-16 常用数控焊接车刀的种类和形状

1—45°弯头车刀　2—90°外圆车刀（右偏刀）　3—外螺纹车刀　4—75°外圆车刀　5—成形车刀　6—90°外圆车刀（左偏刀）　7—切槽刀　8—内沟槽车刀　9—内螺纹车刀　10—盲孔车刀　11—通孔车刀

各种车刀的基本用途如下：

① 45°弯头车刀用来车削工件的外圆、端面和倒角。

② 90°外圆车刀（右、左偏刀）用来车削工件的外圆、台阶和端面，分为左偏刀和右偏刀两种。

③ 内、外螺纹车刀用来车削螺纹。

④ 75°外圆车刀是车刀中刀尖强度最好的车刀，主要用于粗车加工。

⑤ 成形车刀用来车削台阶处的圆角、圆槽或特殊形面工件。

⑥ 切槽刀用来切断工件或在工件表面切出沟槽。

⑦ 内沟槽车刀用于在内孔中加工退刀槽、越程槽或内腔等。

⑧ 盲、通孔车刀用来车削工件的内孔，有盲孔车刀和通孔车刀。

2）机械夹固式可转位车刀。机械夹固式可转位车刀是已经实现机械加工标准化、系列化的车刀。数控车床常用的机械夹固式可转位车刀的结构型式如图2-17所示，主要由刀杆、刀片、刀垫及夹紧元件组成。刀片每边都有切削刃，当某切削刃磨损钝化后，只需松开夹紧元件，将刀片转一个位置便可继续使用。这减少了换刀时间且方便对刀，易于实现机械加工的标准化，数控车削加工时，应尽量采用机械夹固式刀具。

① 刀片形状。刀片的形状主要与工件表面形状、切削方法、刀具寿命和有效刃数等有关。一般外圆和端面车削常用T型、S型、C型、W型刀片，成形加工常用D型、V型、R型刀片。可转位车刀常见的刀片形状如图2-18所示。

② 刀杆头部型式。可转位车刀常用的刀杆头部型式和主偏

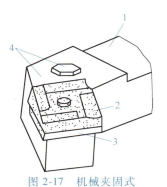

图2-17 机械夹固式可转位车刀

1—刀杆　2—刀片
3—刀垫　4—夹紧元件

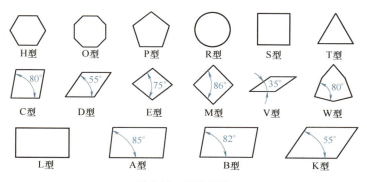

图 2-18　刀片形状

角如图 2-19 所示。有直角台阶的工件，可选主偏角大于或等于 90°的刀杆；外圆粗车可选主偏角为 45°~90°的刀杆，精车可选主偏角为 45°~75°的刀杆；中间切入、成形加工可选主偏角大于或等于 45°~107°30′的刀杆。

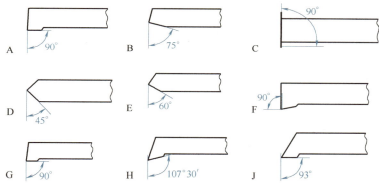

图 2-19　刀杆头部型式和主偏角

3）成形车刀。成形车刀俗称样板车刀，由它加工的零件轮廓形状完全由车刀切削刃的形状和尺寸决定。数控车削加工中，常见的成形车刀有小半径圆弧车刀、非矩形切槽刀和螺纹车刀等。在数控加工中，应尽量少用或不用成形车刀，当确有必要选用时，应在工艺文件或加工程序单上进行详细说明。

采用成形加工机械夹固式车刀时，常通过选择合适的刀片形状和刀杆头部型式来组合形成所需要的刀具。图 2-20 所示为一些常用的成形加工机械夹固式车刀。

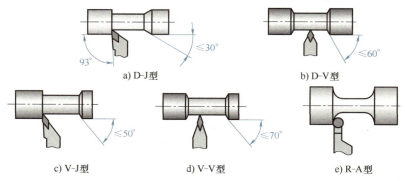

图 2-20　常用的成形加工机械夹固式车刀

(3) 确定切削用量

1) 选择切削用量的一般原则如下：

① 粗车切削用量选择。粗车时一般以提高生产率为主，兼顾经济性和加工成本。提高切削速度、加大进给量和背吃刀量都能提高生产率，由于切削速度对刀具使用寿命影响最大，背吃刀量对刀具使用寿命影响最小，所以，在考虑粗车切削用量时，首先尽可能选择快的背吃刀量，其次选择快的进给速度，最后，在保证刀具使用寿命和机床功率允许的条件下，选择合适的切削速度。

② 精车、半精车切削用量选择。精车和半精车的切削用量选择要保证加工质量，兼顾生产率和刀具使用寿命。精车和半精车的背吃刀量是由零件加工精度和表面粗糙度要求，以及粗车后留下的加工余量决定的，一般情况下可一刀切去余量。精车和半精车的背吃刀量较小，产生的切削力也较小，所以，在保证表面粗糙度的情况下，可适当加大进给量。

2) 背吃刀量 a_p 的确定。在车床主体、夹具、刀具和工件这一系统刚度允许的条件下，尽可能选取较大的背吃刀量，以减少走刀次数，提高生产率。

粗加工时，在允许的条件下，尽量一次切除该工序的全部加工余量，背吃刀量一般为 2~5mm；半精加工时，背吃刀量一般为 0.5~1mm；精加工时，背吃刀量为 0.1~0.4mm。

3) 进给量 f 的确定。粗车外圆及端面时，硬质合金外圆车刀的进给量根据工件材料、车刀刀杆直径、工件直径和背吃刀量进行选取，见表 2-4。从表中可以看出，在背吃刀量一定时，进给量随着刀杆尺寸和工件尺寸的增大而增大；加工铸铁时，切削力比加工钢件时的小，可以选取较大的进给量。

表 2-4 硬质合金外圆车刀粗车外圆及端面的进给量

工件材料	刀杆尺寸/mm（长×宽）	工件直径 d_w/mm	背吃刀量 a_p/mm ≤3	>3~5	>5~8	>8~12	>12
			进给量 f/(mm/r)				
碳素结构钢 合金结构钢 耐热钢	16×25	20	0.3~0.4				
		40	0.4~0.5	0.3~0.4			
		60	0.5~0.7	0.4~0.6	0.3~0.5		
		100	0.6~0.9	0.5~0.7	0.5~0.6	0.4~0.5	
		400	0.8~1.2	0.7~1.0	0.6~0.8	0.5~0.6	
	20×30 25×25	20	0.3~0.4				
		40	0.4~0.5	0.3~0.4			
		60	0.5~0.7	0.5~0.7	0.4~0.6		
		100	0.8~1.0	0.7~0.9	0.5~0.7	0.4~0.7	
		400	1.2~1.4	1.0~1.2	0.8~1.0	0.6~0.9	0.4~0.6
铸铁 铜合金	16×25	40	0.4~0.5				
		60	0.5~0.8	0.5~0.8	0.4~0.6		
		100	0.8~1.2	0.7~1.0	0.6~0.8	0.5~0.7	
		400	1.0~1.4	1.0~1.2	0.8~1.0	0.6~0.8	
	20×30 25×25	40	0.4~0.5				
		60	0.5~0.9	0.5~0.8	0.4~0.7		
		100	0.9~1.3	0.8~1.2	0.7~1.0	0.5~0.8	
		400	1.2~1.8	1.2~1.6	1.0~1.3	0.9~1.1	0.7~0.9

注：1. 加工断续表面及有冲击工件时，表中进给量应乘系数 $k=0.75~0.85$。
  2. 在无外皮加工时，表中进给量应乘系数 $k=1.1$。
  3. 在加工耐热钢及合金钢时，进给量不大于 1mm/r。
  4. 加工淬硬钢，进给量应减小。当钢的硬度为 44~56HRC 时，应乘系数 $k=0.8$；当钢的硬度为 56~62HRC 时，应乘系数 $k=0.5$。

精加工与半精加工时,进给量可根据加工表面粗糙度要求选取,同时考虑工件材料、切削速度和刀尖圆弧半径,见表 2-5。

表 2-5 按表面粗糙度选择进给量的参考值

工件材料	表面粗糙度 $Ra/\mu m$	切削速度范围 $v_c/(mm/min)$	刀尖圆弧半径 r/mm		
			0.5	1.0	2.0
			进给量 $f/(mm/r)$		
铸铁、青铜、铝合金	>5~10	不限	0.25~0.40	0.40~0.50	0.50~0.60
	>2.5~5.0		0.15~0.25	0.25~0.40	0.40~0.60
	>1.25~2.5		0.10~0.15	0.15~0.20	0.20~0.35
碳钢及合金钢	>5~10	<50	0.30~0.50	0.45~0.60	0.55~0.70
		≥50	0.40~0.55	0.55~0.65	0.65~0.70
	>2.5~5.0	<50	0.18~0.25	0.25~0.30	0.30~0.40
		≥50	0.25~0.30	0.30~0.35	0.30~0.50
	>1.25~2.5	<50	0.10	0.11~0.15	0.15~0.22
		50~100	0.11~0.16	0.16~0.25	0.25~0.35
		>100	0.16~0.20	0.20~0.25	0.25~0.35

注:当 $r=0.5mm$ 时,用 12mm×12mm 及以下刀杆;当 $r=1mm$ 时,用 30mm×30mm 以下刀杆;当 $r=2mm$ 时,用 30mm×45mm 以下刀杆。

实际加工时,也可根据经验确定进给量 f。粗车时一般取 0.3~0.8mm/r,精车时常取 0.1~0.3mm/r,切断时宜取 0.05~0.2mm/r。

4)主轴转速的确定。

① 光车时主轴转速。光车时,主轴转速应根据工件上待加工部位的直径,并按工件和刀具的材料及加工性质等条件所允许的切削速度来确定。在实际生产中,主轴转速计算公式为

$$n = 1000 v_c \pi d \tag{2-1}$$

式中 n——主轴转速(r/min);

v_c——切削速度(m/min);

d——工件加工表面或刀具的最大直径(mm)。

在确定主轴转速时,首先需要确定其切削速度,而切削速度又与背吃刀量和进给量有关。切削速度确定方法有计算、查表和根据经验。硬质合金外圆车刀切削速度参考值见表 2-6。

表 2-6 硬质合金外圆车刀切削速度的参考值

工件材料	热处理状态	$a_p=0.3~2.0mm$ $f=0.08~0.30mm/r$	$a_p=2~6mm$ $f=0.3~0.6mm/r$	$a_p=6~10mm$ $f=0.6~1.0mm/r$
		$v_c/(mm/min)$		
低碳钢、易切削钢	热轧	140~180	100~120	70~90
中碳钢	热轧	130~160	90~110	60~80
	调质	100~130	70~90	50~70

（续）

工件材料	热处理状态	$a_p = 0.3 \sim 2.0$ mm $f = 0.08 \sim 0.30$ mm/r	$a_p = 2 \sim 6$ mm $f = 0.3 \sim 0.6$ mm/r	$a_p = 6 \sim 10$ mm $f = 0.6 \sim 1.0$ mm/r
		v_c/(mm/min)		
合金结构钢	热轧	100~130	70~90	50~70
	调质	80~110	50~70	40~60
工具钢	退火	90~120	60~80	50~70
灰铸铁	HBW<190	90~120	60~80	50~70
	HBW=190~225	80~110	50~70	40~60
高锰钢（Mn13%）			10~20	
铜、铜合金		200~250	120~180	90~120
铝、铝合金		300~600	200~400	150~200
铸铝合金		100~180	80~150	60~100

注：工件材料为易切削钢、灰铸铁时的刀具寿命约为60min。

② 车螺纹时主轴转速。车螺纹时，车床的主轴转速将受到螺纹的螺距（或导程）大小、驱动电机的升降频特性及螺纹插补运算速度等多种因素影响，故对于不同的数控系统，推荐不同的主轴转速选择范围。如大多数经济型车床数控系统推荐车螺纹的主轴转速计算公式为

$$n \leqslant \frac{1200}{P} - k \quad (2\text{-}2)$$

式中　n——主轴转速（r/min）；

　　　P——工件螺纹的导程或螺距（mm），寸制螺纹时为换算后相应的毫米值；

　　　k——保险系数，一般取80。

2.2.4　数控车削加工工艺文件

数控加工工艺文件既是数控加工的依据，也是操作者应遵守、执行的作业指导书。数控加工工艺文件是对数控加工的具体说明，目的是让操作者更明确加工程序的内容、装夹方式、加工顺序、走刀路线、切削用量和各个加工部位所选用的刀具等作业指导规程。数控加工工艺技术文件主要有数控加工工艺卡、数控加工工序卡和数控加工刀具卡。更详细的还有数控加工走刀路线图。

当前，数控加工工序卡、数控加工刀具卡及数控加工走刀路线图还没有统一的标准格式，都是由各个单位结合具体情况自行确定。

1. 数控加工工艺卡

数控加工工艺卡是以工序为单位，详细说明整个工艺过程的工艺文件。它不仅包括工序顺序、工序内容，同时还包括主要工序的工步内容、工位及必要的加工简图或加工说明。此外，还包括零件的工艺特性（材料、质量、加工表面及其精度和表面粗糙度要求等）、毛坯性质和生产纲领。

2. 数控加工工序卡

数控加工工序卡与普通加工工序卡有许多相似之处，所不同的是：若要求画出工序简图，工序简图中应注明编程原点与对刀点，要进行简要编程说明（如所用加工机床型号、程序编号）及切削参数（即程序中设定的主轴转速、进给速度、最大背吃刀量或宽度等）的填

写，具体见表 2-7。

表 2-7 数控加工工序卡

零件名称		螺塞	零件图号		A-1		夹具名称		自定心卡盘
设备名称及型号					数控车床 CK6132				
材料	45钢	硬度	225HBW		工序名称		车	工序号	1

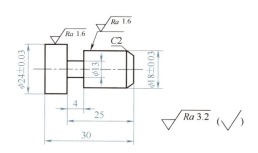

工步号	工步内容	切削用量				刀具		量具
		v_c /(mm/min)	n /(r/min)	f /(mm/r)	a_p /mm	编号	名称	名称
1	车平端面	50	650	0.1	1	T1	YT15 = 95°外圆车刀	游标卡尺 0~125mm
2	粗车及半精车外圆柱面 $\phi24\pm0.03$mm，留精加工余量 0.3mm	50	650	0.2	1.5	T1		
3	粗车及半精车圆柱面 $\phi18\pm0.03$mm×25mm，留精加工余量 0.3mm	50	650	0.2	1.5	T1		
4	粗车及半精车圆锥面 30°，留精加工余量 0.3mm	50	650	0.2	1.5	T1		
5	精车圆柱面 $\phi24\pm0.03$mm，$Ra1.6\mu$m	110	1500	0.2	0.15	T1	YT15 95°外圆车刀	外径千分尺 0~25mm
6	精车外圆柱面为 $\phi18\pm0.03$mm×25mm，$Ra1.6\mu$m	110	1500	0.2	0.15	T1		
7	精车圆锥面 30°，$Ra1.6\mu$m	110	1500	0.2	0.15	T1		游标万能角度尺
8	倒角 C2	110	1500	0.08	2	T1		
9	切槽 4mm × $\phi13$mm，$Ra3.2\mu$m	15	350	0.1	4	T2	YT15 切槽刀尺寸 4mm×18mm	游标卡尺 0~125mm
10	取 30mm 总长切断	15	350	0.1	4	T2		
设计		审核				共 页		第 页

3. 数控加工刀具卡

数控加工刀具卡反映刀具编号、刀具型号规格与名称、刀具的加工表面、刀具数量和刀长等。有些更详细的数控加工刀具卡还要求反映刀具结构、尾柄规格、组合件名称代号、刀片型号和材料等。数控加工刀具卡是组装和调整刀具的依据，具体见表 2-8。

表 2-8　数控加工刀具卡

产品名称或代号				零件名称	螺塞	零件图号	
序号	刀具号	刀具规格名称	数量	加工表面		刀尖半径/mm	备注
1	T01	95°外圆车刀	1	车端面,粗车及半精车外圆柱面 $\phi24$mm、$\phi18$mm,精车圆柱面 $\phi24$mm、$\phi18$mm,倒角 $C2$		0.4	
2	T02	4mm×18mm 切槽刀	1	切槽 4mm×$\phi13$mm,取 30mm 总长切断		0.1	
3							
编制		审核		批准		共　页	第　页

4. 数控加工走刀路线图

数控加工走刀路线图告诉操作者关于编程中的刀具运动路线（如从哪里下刀、在哪里抬刀、哪里是斜下刀等）。为简化走刀路线图，一般可采用统一约定的符号来表示。不同的机床可以采用不同的图例与格式，表 2-9 为一种常用格式。

表 2-9　数控加工走刀路线图

零件图号		01	工序号	02	工步号	02	程序号	O0001
机床型号		程序段号		加工内容	粗车外轮廓	共 4 页		第 2 页
						编程		
						校对		
						审批		
符号	⊗	◐	⊙	→（虚线）	→（实线）			
含义	循环点	编程原点	换刀点	快速走刀方向	进给走刀方向			

2.3　分析典型零件数控车削加工工艺

2.3.1　轴类零件数控车削加工工艺

图 2-1 所示的待车削轴类零件，其材料为 45 钢，在数控车床上需要进行的工序依次为：①切削 $\phi56$mm、$\phi34$mm 和 $\phi30$mm 的外圆；②加工 $S\phi50$mm 的球面、锥面、退刀槽、螺纹及倒角。要求分析工艺过程与工艺路线并制定工艺文件。

1. 零件图及工艺分析

该零件表面由圆柱、圆锥、顺圆弧、逆圆弧及双线螺纹等组成。其中多个直径尺寸有较严格的尺寸精度和表面粗糙度要求；球面 $S\phi50$mm 的尺寸公差还兼有控制该球面形状（线轮廓）误差的作用。尺寸标注完整，轮廓描述清楚。零件材料为 45 钢，无热处理和硬度要求。

通过上述分析，可采用以下几点工艺措施：

1）对图样上给定的几个精度要求较高的尺寸，因其公差数值较小，故编程时不必取平均值，而全部取其公称尺寸。

2）为便于装夹，毛坯左端应预先车出夹持部分，右端面也应先粗车出并钻好中心孔。毛坯选 $\phi 60mm$ 的棒料。

2. 零件的定位基准和装夹方式

确定毛坯轴线和左端大端面（设计基准）为定位基准。左端采用自定心卡盘定心夹紧，右端采用活动顶尖支承。

3. 选择设备

根据加工零件的外形和材料等条件，选用普通经济型数控车床。

4. 确定加工顺序及进给路线

加工顺序按由粗到精、由近到远（由右到左）的原则确定，即先从右到左进行粗车（留 0.25mm 精车余量），然后从右到左进行精车，最后车削螺纹。

经济型数控车床具有粗车循环和车螺纹循环功能，只要正确使用编程指令，机床数控系统就会自动确定进给路线，因此，该零件的粗车循环和车螺纹循环过程不需要人工确定其进给路线。该零件的精车为从右到左沿零件表面轮廓进给，如图 2-21 所示。

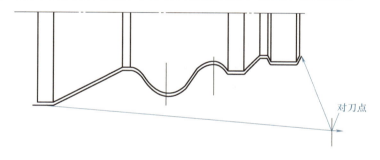

图 2-21 精车轮廓进给路线

5. 刀具的选择

1）选用 $\phi 5mm$ 中心钻钻削中心孔。

2）粗车及平端面选用硬质合金 90°外圆车刀（右偏刀），为防止副后刀面与工件轮廓干涉（可用作图法检验），副偏角不宜太小，可选 $\kappa_r' = 35°$。

3）车螺纹选用硬质合金 60°外螺纹车刀，刀尖圆弧半径应小于轮廓最小圆角半径，取 $r = 0.15 \sim 0.2mm$。精车同样选用该硬质合金刀。

将所选定的刀具参数填入数控加工刀具卡中（见表 2-10），以便编程和操作管理。

表 2-10 数控加工刀具卡

产品名称或代号			零件名称	典型轴	零件图号	
序号	刀具号	刀具规格名称	数量	加工表面	刀尖半径/mm	备注
1	T01	$\phi 5mm$ 中心钻	1	钻 $\phi 5mm$ 中心孔		
2	T02	硬质合金 90°外圆车刀	1	车端面及粗车轮廓		右偏刀
3	T03	硬质合金 60°外螺纹车刀	1	精车轮廓及螺纹	0.15	
编制		审核		批准	共 页	第 页

6. 切削用量的选择

(1) 背吃刀量的选择

轮廓粗车循环时选 $a_p = 3$mm，精车时选 $a_p = 0.25$mm；螺纹粗车循环时选 $a_p = 0.4$mm，精车时选 $a_p = 0.1$mm。

(2) 主轴转速的选择

车外圆和圆弧形时，查表选粗车切削速度 $v_c = 90$mm/min，精车切削速度 $v_c = 120$mm/min。利用式 (2-1) 计算主轴转速 n（粗车直径 $d = 60$mm，精车工件直径取平均值），粗车时为 500r/min，精车时为 1200r/min；车螺纹时，利用式 (2-2) 计算选择主轴转速 $n = 320$r/min。

(3) 进给速度的选择

查表选择粗车、精车每转进给量，再根据加工的实际情况确定粗车每转进给量为 0.4mm/r，精车每转进给量为 0.15mm/r，根据公式 $v_f = nf$ 计算粗车、精车进给速度分别为 200mm/min 和 180mm/min。

将前面分析的各项内容综合成数控加工工艺卡，见表 2-11。

表 2-11 数控加工工艺卡

数控加工工艺卡		产品名称或代号		零件名称		零件图号	
				典型轴			
单位名称		夹具名称		使用设备		车间	
		自定心卡盘和活动顶尖				数控中心	
序号	工序内容	刀具号	刀具规格/mm	主轴转速/(r/min)	进给速度/(mm/min)	背吃刀量/mm	备注
1	粗车平端面	T02	25×25	500			手动
2	钻中心孔	T01	φ5	950			手动
3	粗车轮廓	T02	25×25	500	200	3	自动
4	精车轮廓	T03	25×25	1200	180	0.25	自动
5	粗车螺纹	T03	25×25	320	960	0.4	自动
6	精车螺纹	T03	25×25	320	960	0.1	自动
编制		审核		批准		年 月 日	共 页 第 页

2.3.2 轴套类零件数控车削加工工艺

图 2-22 为典型轴套类零件，该零件材料为 45 钢，无热处理和硬度要求，试对该零件进行数控车削工艺分析（单件小批量生产）。

1. 零件图分析

该零件表面由内外圆柱面、内圆锥面、顺圆弧、逆圆弧及外螺纹等组成，其中多个直径尺寸与轴向尺寸有较高的尺寸精度和表面粗糙度要求。零件图尺寸标注完整，符合数控加工尺寸标注要求，轮廓描述清楚完整。零件材料为 45 钢，加工切削性能较好，无热处理和硬度要求。

通过上述分析，采用以下几点工艺措施：

1) 对图样上带公差的尺寸，因其公差值较小，故编程时不必取平均值，而取公称尺寸即可。

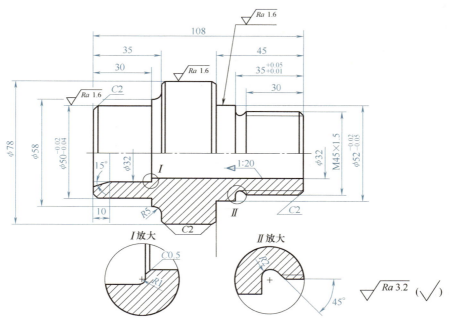

图 2-22 典型轴套类零件

2）左右端面均为多个尺寸的设计基准，相应工序加工前，应该先将左右端面车出来。

3）内孔尺寸较小，镗 1∶20 锥孔与镗 $\phi32$ 孔及 15°锥面时需掉头装夹。

2. 轴套类零件的装夹方案

1）内孔加工。

定位基准：内孔加工时以外圆定位。

装夹方式：用自动定心卡盘夹紧。

2）外轮廓加工。

定位基准：确定零件轴线为定位基准。

装夹方式：加工外轮廓时，为保证一次安装加工出全部外轮廓，需要设一圆锥心轴装置（见图 2-23 中的双点画线部分），用自定心卡盘夹持心轴左端，心轴右端留有中心孔并用尾座顶尖顶紧以提高工艺系统的刚性。

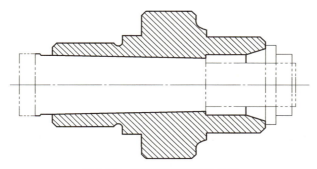

图 2-23 外轮廓车削装夹方案

3. 确定加工顺序及进给路线

加工顺序按由内到外、由粗到精、由近到远的原则确定，在一次装夹中尽可能加工出较多的零件表面。结合本零件的结构特征,可先加工内孔各表面,然后加工外轮廓表面。由于该零件为单件小批量生产,走刀路线设计不必考虑最短进给路线或最短空行程路线,外轮廓表面车削走刀路线可沿零件轮廓顺序进行(见图2-24)。

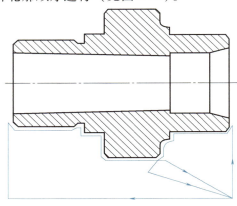

图 2-24 外轮廓加工走刀路线

4. 刀具选择

将所选定的刀具参数填入数控加工刀具卡中,见表2-12,以便于编程和操作管理。注意:车削外轮廓时,为防止副后刀面与工件表面发生干涉,应选择较大的副偏角,必要时可作图检验。本例选 $\kappa_r' = 55°$。

表 2-12 数控加工刀具卡

产品名称或代号		数控车工艺分析实例	零件名称	轴承套	零件图号	Lathe-01
序号	刀具号	刀具规格名称	数量	加工表面	刀尖半径/mm	备注
1	T01	硬质合金45°端面车刀	1	车端面	0.5	25×25
2	T02	φ5 中心钻	1	钻 φ5mm 中心孔		
3	T03	φ26mm 钻头	1	钻底孔		
4	T04	镗刀	1	镗内孔各表面	0.4	20×20
5	T05	93°右偏刀	1	自右至左车外表面	0.2	25×25
6	T06	93°左偏刀	1	自左至右车外表面		
7	T07	60°外螺纹车刀	1	车 M45 螺纹		
编制		审核		批准	年 月 日	共 页 第 页

5. 切削用量选择

根据被加工表面质量要求、刀具材料和工件材料,参考切削用量手册或有关资料选取切削速度与每转进给量,然后利用公式 $v_c = \pi dn/1000$ 和 $v_f = nf$,计算主轴转速与进给速度(计算过程略),计算结果填入表2-7工序卡中。

背吃刀量的选择因粗、精加工而有所不同。粗加工时,在工艺系统刚性和机床功率允许的情况下,尽可能取较大的背吃刀量,以减少进给次数;精加工时,为保证零件表面粗糙度,背吃刀量一般取 0.1~0.4mm 较为合适。

6. 数控加工工艺卡片拟定

将前面分析的各项内容综合成数控加工工艺卡,见表2-13。

表 2-13 数控加工工艺卡

数控加工工艺卡		产品名称或代号		零件名称		零件图号	
单位名称		数控车工艺分析实例		轴承套			
		夹具名称		使用设备		车间	
		自定心卡盘和自制心轴		CJK6240		数控中心	
序号	工序	刀具号	刀具规格/mm	主轴转速/(r/min)	进给速度/(mm/min)	背吃刀量/mm	备注
1	平端面	T01	25×25	320		1	手动
2	钻 φ5mm 中心孔	T02	φ5	950		2.5	手动
3	钻底孔	T03	φ26	200		13	手动
4	粗镗 φ32mm 内孔、15°斜面及 C0.5 倒角	T04	20×20	320	40	0.8	自动
5	精镗 φ32mm 内孔、15°斜面及 C0.5 倒角	T04	20×20	400	25	0.2	自动
6	掉头装夹粗镗 1:20 锥孔	T04	20×20	320	40	0.8	自动
7	精镗 1:20 锥孔	T04	20×20	400	20	0.2	自动
8	心轴装夹自右至左粗车外轮廓	T05	25×25	320	40	1	自动
9	自左至右粗车外轮廓	T06	25×25	320	40	1	自动
10	自右至左精车外轮廓	T05	25×25	400	20	0.1	自动
11	自左至右精车外轮廓	T06	25×25	400	20	0.1	自动
12	卸心轴改为自定心装夹粗车 M45 螺纹	T07	25×25	320	480	0.4	自动
13	精车 M45 螺纹	T07	25×25	320	480	0.1	自动
编制		审核		批准		年 月 日	共 页 第 页

第 3 章　数控车削编程基础

教学目标

【知识目标】
1. 了解数控编程的基本知识。
2. 掌握程序文件的格式。
3. 掌握编程的步骤和规则。
4. 掌握坐标系规定原则及坐标轴确定方法。
5. 掌握机床坐标系和工件坐标系的概念。
6. 掌握数控车床编程常用 G 指令和 M 指令。
7. 掌握数控车床加工 45°倒角和倒圆角的方法。

【能力目标】
1. 能掌握数控车床的坐标系。
2. 能用 G 指令和 M 指令对简单轴类零件编程。
3. 能用数控车床编程加工 45°倒角和倒圆角。

【素质目标】
1. 培养学生知识应用能力和学习能力。
2. 培养学生的决策能力。

3.1 数控编程概述

数控加工是指按照事先编制好的零件加工程序，经机床数控系统处理后，使机床按加工程序自动完成零件的加工。因此，使用数控机床加工零件时，程序编制是一项重要的工作。

数控编程即零件加工程序的编制，是指在数控机床上加工零件时，根据零件图样的要求，将被加工零件的全部工艺过程、工艺参数、位移数据、辅助运动（主轴准停、自动换刀、工件自动松紧、切削液开关等），以规定的指令代码及程序格式编制成加工程序，经过调试后记录在存储介质上。

编制数控程序需要遵循一定的步骤并按正确的结构、格式编制，机床才能读取编译，否则机床将会报错，因此，应该掌握必要的数控编程知识。

3.1.1 数控编程的步骤

一般说来，数控编程的步骤为：分析零件图样→数控加工工艺设计→数值计算→编写零件加工程序单→程序存储→程序校验和试切。

1. 分析零件图样

对零件的材料、形状、毛坯类型、加工精度和技术要求等进行详细分析。分析零件的形状及加工表面所规定的加工质量和技术要求指标是否合理及其在加工中如何保证；分析零件图尺寸标注是否完整、正确；分析零件加工的可行性和经济性，为零件加工做好准备。

2. 数控加工工艺设计

在零件图样分析的基础上，合理确定零件的加工方法、定位夹紧方法、加工顺序、加工刀具和切削用量等工艺内容。确定工艺内容时，要在保证零件加工质量的前提下，尽量降低加工成本，提高加工效率，尽量减少零件的安装次数、缩短加工路线、采用高效刀具等，充分发挥数控机床的功能。

3. 数值计算

确定好零件的工艺内容后，要根据零件的尺寸要求、加工路线和设定的编程坐标系，计算出刀具中心的运动轨迹。

一般情况下，数控系统具有直线插补和圆弧插补功能。因此，对于加工由直线段、圆弧段组成的简单零件，只需计算出零件轮廓上相邻几何元素基点（起点、终点、圆心坐标、切点等）的坐标值。当零件的形状比较复杂时，比如非圆曲线等二次曲线，用仅有直线插补和圆弧插补功能的数控机床加工时，不仅需要计算基点，还要用直线段（或圆弧段）来逼近，并在满足加工精度的条件下计算出曲线上各逼近线段节点的坐标值。对于这种情况，一般要借助计算机上安装的相关软件来完成数值计算工作。

4. 编写零件加工程序单

根据计算出的刀具运动轨迹、各基点坐标值、已确定的切削用量和必要的辅助动作，按数控系统规定使用的指令代码及程序段格式，编写零件加工程序单。

5. 程序存储

程序单编写好之后，程序可以直接保存在机床数控系统中，也可以通过机床上的通信接口保存至移动存储器或与机床联机的计算机中。

6. 程序校验和试切

编制好的程序必须经过校验和试切才能正式使用。程序校验可以在不装夹零件的情况下空运行程序，以检查刀具的运动轨迹是否正确。在有图形模拟的数控机床上，可以根据显示的进给轨迹或模拟刀具对零件的切削过程来检验程序。简单零件的加工还可以用笔代替刀具，用坐标纸代替零件，让机床空运转，画出加工轨迹。

上述检验的方法只能检验刀具的运动轨迹是否正确，不能保证零件的加工精度。因此，应对零件进行试切。若通过试切发现零件的精度达不到要求，则应对加工程序进行修改或采用误差补偿等方法，直到加工出合格零件为止。

3.1.2 数控编程基础知识

1. 程序的结构与格式

（1）程序结构

加工程序可分为主程序和子程序，无论是主程序还是子程序，每一个程序都是由程序号、程序内容和程序结束三部分组成。程序内容则由若干程序段组成，程序段是由若干程序字组成，每个程序字又由地址符和带符号或不带符号的数值组成，程序字是程序指令中的最小有效单位。顾名思义，程序名和程序结束分别表示程序的编号和结束的符号，在此不做赘述。

主程序即加工程序,子程序是可以用适当的机床控制指令调用的一段加工程序。主程序可以多次调用同一个或不同的子程序。子程序也可以调用另外的子程序,称为子程序嵌套,不同的系统对子程序可嵌套的次数有不同的规定。

（2）程序段格式

数控机床有三种程序段格式：固定顺序格式、表格顺序格式、字地址可变程序段格式。

固定顺序格式现在已不使用,表格顺序格式只应用于少数场合（如线切割）。在字地址可变程序段格式中,程序字长是不固定的,程序字的个数也是可变的,程序字的顺序是任意排列的。

N07	G	01	Z	—	30	F	200
程序段号	地址符	数字	地址符	符号	数字	地址符	数字

（3）程序中常用地址符及其含义

由英文字母表示的地址符和若干位数字组成程序字。表 3-1 列出了编程中常用地址符及含义。

表 3-1　常用地址符及含义

功能	地址符	含义
程序号	O,P,%	程序编号地址
程序段号	N	程序段顺序编号地址
坐标字	X,Y,Z;U,V,W;P,Q,R	直线坐标轴
	A,B,C;D,E	旋转坐标轴
	R	圆弧半径
	I,J,K	圆弧中心坐标
准备功能	G	指令动作方式
辅助功能	M,B	开关功能,工作台分度等
补偿值	H,D	补偿值地址
暂停	P,X,F	暂停时间
重复次数	L,H	子程序或循环程序的循环次数
切削用量	S,V	主轴转数或切削速度
	F	进给量或进给速度
刀具号	T	刀库中刀具编号

2. 数控编程中的指令代码

在数控编程中,我国和国际上都广泛使用 G 指令、M 指令及 F、S、T 指令,来描述加工工艺过程和数控机床的运动特征。

（1）准备功能 G 指令

准备功能 G 指令用来规定刀具和工件的相对运动轨迹（即规定插补功能）、机床坐标系、坐标平面、刀具补偿、坐标偏置等多种加工操作。G 指令由字母 G 及其后面的两位数字组成,有 G00～G99 共 100 种,见表 3-2。

表 3-2 数控加工准备功能 G 指令

代码(1)	功能保持到被取消或被同样字母表示的程序指令代替(2)	功能仅在所出现的程序段内有作用(3)	功能(4)	代码(1)	功能保持到被取消或被同样字母表示的程序指令代替(2)	功能仅在所出现的程序段内有作用(3)	功能(4)
G00	a		点定位	G50	* d)	*	刀具偏置 0/−
G01	a		直线插补	G51	* d)	*	刀具偏置 +/0
G02	a		顺时针方向圆弧插补	G52	* d)	*	刀具偏置 −/0
G03	a		逆时针方向圆弧插补	G53	f		直线偏移,注销
G04		*	暂停	G54	f		直线偏移 X
G05	*	*	不指定	G55	f		直线偏移 Y
G06	a		抛物线插补	G56	f		直线偏移 Z
G07	*	*	不指定	G57	f		直线偏移 XY
G08		*	加速	G58	f		直线偏移 XZ
G09		*	减速	G59	f		直线偏移 YZ
G10~G16	*	*	不指定	G60	h		准确定位 1(精)
G17	c		XY 平面选择	G61	h		准确定位 2(中)
G18	c		ZX 平面选择	G62	h		快速定位(粗)
G19	c		YZ 平面选择	G63		*	车螺纹
G20~G32	*	*	不指定	G64~G67	*	*	不指定
G33	a		螺纹切削,等螺距	G68	* d)	*	刀具偏置,内角
G34	a		螺纹切削,增螺距	G69	* d)	*	刀具偏置,外角
G35	a		螺纹切削,减螺距	G70~G79	*	*	不指定
G36~G39	*	*	永不指定	G80	e		固定循环注销
G40	d		刀具补偿/刀具偏置注销	G81~G89	e		固定循环
G41	d		刀具补偿-左	G90	i		绝对尺寸
G42	d		刀具补偿-右	G91	i		增量尺寸
G43	* d)	*	刀具偏置-正	G92		*	预置寄存
G44	* d)	*	刀具偏置-负	G93	k		时间倒数,进给率
G45	* d)	*	刀具偏置+/+	G94	k		每分钟进给
G46	* d)	*	刀具偏置+/−	G95	k		主轴每转进给
G47	* d)	*	刀具偏置−/−	G96	l		恒线速度
G48	* d)	*	刀具偏置−/+	G97	l		每分钟转速(主轴)
G49	* d)	*	刀具偏置 0/+	G98~G99	*	*	不指定

注:1. * 号,若选作特殊用途,必须在程序中说明。
2. 若在直线切削控制中没有刀具补偿,则 G42~G45 可指定作其他用途。
3. 在表中左栏括号中的字母 d) 表示,其代码可以被同栏中没有括号的字母 d 的代码所注销或替代,亦可被有括号的字母 d) 的代码所注销或替代。
4. G45~G52 的功能可用于机床上任意两个预定的坐标。
5. 控制机上没有 G53~G59、G63 功能时,可以指定作其他用途。

表 3-2 中的第（2）栏中，标有字母的表示它所对应第（1）栏中的 G 代码为模态代码，字母相同的为一组，同组的任意两代码不能同时出现在一个程序段中。模态代码表示这种代码一经在一个程序段中指定，便保持有效，直到以后的程序段中出现同组的另一代码时才失效。在某一程序中一经应用某一模态 G 代码，如果其后续的程序段中还有相同功能的操作且没有同组的 G 代码时，则在后续的程序中可以不再书写这一功能代码。

表内第（2）栏中没有字母的表示对应的 G 代码为非模态代码，即只有书写了该代码时才有效。

表内第（4）栏功能说明中的"不指定"代码，用于将来修订标准时指定新的功能。"永不指定"代码，说明即使将来修订标准时，也不指定新的功能。但是这两类代码均可由数控系统设计者根据需要自行定义为表中所列功能以外的新功能。但是必须在机床说明书中予以说明，以便用户使用。

近年来，数控技术发展很快，许多制造厂采用的数控系统不同，对标准中代码进行了功能上的延伸或进一步的定义，所以编程时绝对不能死套标准，必须仔细阅读具体机床的编程指南。

（2）坐标功能字

坐标功能字（又称尺寸字）用来设定机床各坐标的位移量。它一般使用 X、Y、Z、U、V、W、P、Q、R、A、B、C、D、E 等地址符为首，在地址符后紧跟"+"（正）或"-"（负）及一串数字，该数字一般以系统脉冲当量（指数控系统能实现的最小位移量，即数控装置每发出一个脉冲信号，机床工作台的移动量，一般为 0.0001~0.01mm）为单位，不使用小数点。一个程序段中有多个尺寸字时，一般按上述地址符顺序排列。

（3）进给功能 F 指令

该功能指令用来指定刀具相对工件运动的速度，单位一般为 mm/min。当进给速度与主轴转速相关时，如车螺纹等，单位为 mm/r。进给功能指令以地址符 F 为首，其后跟一串数字代码。

（4）主轴功能 S 指令

该功能指令用来指定主轴速度，单位为 r/min，它以地址符 S 为首，后跟一串数字代码。

（5）刀具功能 T 指令

当系统具有换刀功能时，刀具功能字用以选择替换的刀具。它以地址符 T 为首，其后一般跟两位数字，代表刀具的编号。

F、T、S 功能指令均为模态指令。

（6）辅助功能 M 指令

辅助功能 M 指令有 M00~M99，共计 100 种，见表 3-3。M 指令又分为模态指令与非模态指令。

表 3-3 辅助功能 M 指令

代码 (1)	功能与程序段运动同时开始 (2)	功能在程序段运动完后开始 (3)	功能 (4)
M00		*	程序停止
M01		*	计划停止
M02		*	程序结束

（续）

代码 （1）	功能与程序段运动同时开始 （2）	功能在程序段运动完后开始 （3）	功能 （4）
M03	*		主轴顺时针方向
M04	*		主轴逆时针方向
M05		*	主轴停止
M06	#	#	换刀
M07	*		2号切削液开
M08	*		1号切削液开
M09		*	切削液关
M10	#	#	夹紧
M11	#	#	松开
M12	#	#	不指定
M13	*		主轴顺时针方向切削液开
M14	*		主轴逆时针方向切削液开
M15	*		正运动
M16	*		负运动
M17～M18	#	#	不指定
M19		*	主轴定向停止
M20～M29	#	#	永不指定
M30		*	纸带结束
M31	#	#	互锁旁路
M32～M35	#	#	不指定
M36	*		进给范围1
M37	*		进给范围2
M38	*		主轴速度范围1
M39	*		主轴速度范围2
M40～M45	#	#	不指定或齿轮换挡
M46～M47	#	#	不指定
M48		*	注销M49
M49	*		进给率修正旁路
M50	*		3号切削液开
M51	*		4号切削液开
M52～M54	#	#	不指定
M55	*		刀具直线位移,位置1
M56	*		刀具直线位移,位置2
M57～M59	#	#	不指定
M60		*	更换工件
M61	*		工件直线位移,位置1

（续）

代码 (1)	功能与程序段运动同时开始 (2)	功能在程序段运动完后开始 (3)	功能 (4)
M62	*		工件直线位移，位置2
M63~M70	#	#	不指定
M71	*		工件角度移位位置1
M72	*		工件角度移位位置2
M73~M89	#	#	不指定
M90~M99	#	#	永不指定

注：1. #号表示：如选作特殊用途，必须在程序说明中说明。
　　2. M90~M99 可指定为特殊用途。

表中的"不指定"指令，用于将来修订标准时指定新的功能，"永不指定"指令说明即使将来修订标准，也不指定新的功能。这两类指令均可由数控系统设计者根据需要自行定义其功能。

各生产厂家在使用 M 代码时，与标准定义出入不大。有些生产厂家定义了附加的辅助功能，如在车削中心上的控制主轴分度、定位等。G、M 代码的含义及格式将在以后章节中结合具体机床详细介绍。

3.2　数控机床坐标系

我国现行国家标准 GB/T 19660—2005《工业自动化系统与集成　机床数值控制坐标系和运动命名》规定了数控机床坐标系及其运动方向，等效采用相关国际标准。这给数控系统和数控机床的设计、使用、维修和程序编制带来了极大的便利。

数控机床的运动是通过坐标系来控制的，数控程序是由加工指令和点坐标构成的。数控车床编程首先要确定数控车床的坐标系。

3.2.1　数控机床坐标系的规定原则

1. 右手直角坐标系

标准的坐标系为右手直角坐标系（见图 3-1）。它规定了 X、Y、Z 三坐标轴的关系：用右手的拇指、食指和中指分别代表 X、Y、Z 三轴，三个手指互相垂直，所指方向分别为 X、Y、Z 轴的正方向；围绕 X、Y、Z 各轴的回转分别用 A、B、C 表示，其正向用右手螺旋定则确定；与 +X、+Y、+Z、+A、+B、+C 相反的方向用带"'"的 +X′、+Y′、+Z′、+A′、+B′、+C′ 表示。

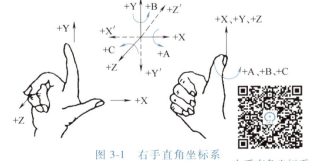

图 3-1　右手直角坐标系

2. 刀具运动坐标与工件运动坐标

数控机床的坐标系是机床运动部件进给运动的坐标系。由于进给运动可以是刀具相对于工件的运动（车床），也可以是工件相对于刀具的运动（铣床），所以统一规定：字母不带

"'"的坐标表示刀具相对于静止工件而运动的刀具运动坐标；带"'"的坐标表示工件相对于静止刀具而运动的工件运动坐标。

3. 运动的正方向

运动的正方向是使刀具远离工件的方向。

3.2.2 坐标轴确定的方法及步骤

1. Z 轴

一般取产生切削力的主轴轴线为 Z 轴，取刀具远离工件的方向为正向（+Z），数控车床和数控铣床的坐标系分别如图 3-2 和图 3-3 所示。

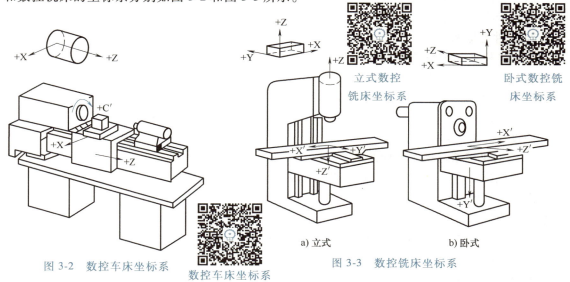

图 3-2 数控车床坐标系

图 3-3 数控铣床坐标系

当机床有多个主轴时，选一个垂直于工件装夹面的主轴为 Z 轴。

当机床没有主轴时（如数控龙门刨床），用与装夹工件的工作台面相垂直的直线为 Z 轴。

若用 Z 轴方向进给运动部件作为工作台，则用 Z'表示，其正向与+Z 方向相反。

2. X 轴

X 轴一般在平行于工件装夹面的水平面内。对于工件做回转切削运动的机床（如车床、磨床），在水平面内取垂直于工件回转轴线（Z 轴）的方向为 X 轴，刀具远离工件的方向为正向（见图 3-2）。

对刀具做回转切削运动的机床（如铣床、镗床），当 Z 轴竖直（立式机床）时，人面对主轴，向右为+X 方向（见图 3-3a）；当 Z 轴水平（卧式机床）时，则向左为+X 方向（见图 3-3b）。

对于无主轴的机床（如刨床），则以其切削方向为+Z 方向。若 X 方向进给运动部件是工作台，则用 X'表示，其正向与+X 方向相反。

3. Y 轴

根据已确定的 X、Z 轴，按右手直角坐标系确定 Y 轴。同样，Y 与 Y'方向相反。

4. A、B、C 轴

此三轴为回转进给运动坐标轴。根据已确定的 X、Y、Z 轴，用右手螺旋定则来确定（见图 3-1）。

5. 附加坐标

若机床除有 X、Y、Z（第一组）方向的直线运动外，还有平行于它们坐标的运动，则分别命名为 U、V、W（第二组）；若还有第三组运动，则分别命名为 P、Q、R。若除了 A、B、C（第一组）方向的回转运动，还有其他回转运动，则命名为 D、E、F 等。

3.2.3 数控机床的两种坐标系

数控机床的坐标系包括机床坐标系和工件坐标系两种。

1. 机床坐标系

机床坐标系又称机械坐标系，是机床运动部件的进给运动坐标系。其坐标轴及方向按现行国家标准规定，坐标原点的位置则由各机床生产厂设定，称为机床原点（或零点）。

数控车床的机床坐标系（OXZ）的原点 O，一般位于卡盘端面，或离爪端面一定距离处，或位于机床零点。

2. 工件坐标系

工件坐标系又称编程坐标系，供编程用。为使编程人员在不知道是"刀具移近工件"还是"工件移近刀具"的情况下，就可根据图样确定机床加工过程，所以规定工件坐标系是"刀具相对工件而运动"的刀具运动坐标系。

工件坐标系的原点 O_P 也称为工件零点或编程零点，其位置由编程人员设定，一般设在工件的设计、工艺基准处，这样便于尺寸计算。

3. 绝对坐标系与相对坐标系

运动轨迹的坐标是相对于起点计量的坐标系，称为相对坐标系（或增量坐标系）。所有坐标点的坐标值均是从某一固定坐标原点计量的坐标系，称为绝对坐标系。

图 3-4 所示的 A、B 两点，若以绝对坐标计量，则有 $X_A = 30$、$Y_A = 35$、$X_B = 10$、$Y_B = 15$。

若以相对坐标计量，则 B 点的坐标是在以 A 点为原点建立起来的坐标系内计量的，此时 B 点的相对坐标为 $X_B = -20$，$Y_B = -20$，其中负号表示 B 点相对于 A 点在 X、Y 轴的负向。

在编程时，可根据机床的坐标系，考虑编程方便（如根据图样尺寸的标注方式）及加工精度要求等因素选用坐标系类型。

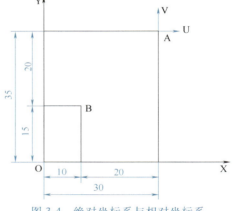

图 3-4 绝对坐标系与相对坐标系

3.2.4 机床原点与机床参考点

机床原点又称机械原点，它是机床坐标的原点。该点是机床上一个固定的点，其位置是由机床设计和制造单位确定的，通常不允许用户改变。机床原点是工件坐标系、编程坐标系、机床参考点的基准点。这个点不是一个硬件点，而是一个定义点。数控车床的机床原点一般设在卡盘前端面或后端面的中心，而各生产厂对数控铣床的机床原点设置不一致，有的设在铣床工作台的中心，有的设在进给行程终点。

机床参考点是采用增量式测量的数控机床所特有的，机床原点是由机床参考点体现出来的。机床参考点是一个硬件点。机床参考点是机床坐标系中一个固定不变的位置点，是用于对机床工作台、滑板与刀具相对运动的测量系统进行标定和控制的点。机床参考点通常设置在机床各轴靠近正向极限的位置，先通过减速行程开关粗定位，再由零位点脉冲精确定位。机床参考点对机床原点的坐标是一个已知定值。采用增量式测量的数控机床开机后,都必须做回零操作,即利用控制面板上的功能键和机床操作面板上的有关按钮,使刀具或工作台退回到机床参考点中。回零操作又称为返回参考点操作。当返回参考点的工作完成后,显示屏上即显示出机床参考点在机床坐标系中的坐标值,表明机床坐标系已自动建立。

3.3 FANUC 车削系统常用 G 指令及应用

准备功能 G 指令用来规定刀具和工件的相对运动轨迹(即规定插补功能)、机床坐标系、坐标平面、刀具补偿、坐标偏置等多种加工操作。G 指令可分为模态指令和非模态指令。下面介绍几个常用的 G 指令。

3.3.1 与坐标和坐标系有关的指令

1. 工件坐标系设定指令

工件坐标系设定 G92 指令可用来设定刀具在工件坐标系中的坐标值,属于模态指令,其设定值在重新设定之前一直有效。

指令格式如下:

G92 X_ Z_;

X、Z 为刀位点在工件坐标系中的初始位置。例如:

G92 X25.0 Z350.0;(设定工件坐标系为 $X_1O_1Z_1$)

G92 X25.0 Z10.0;(设定工件坐标系为 $X_2O_2Z_2$)

以上两程序段所设定的工件坐标系如图 3-5 所示。工件坐标系建立以后,程序内所有用绝对值指定的坐标值,均为这个坐标系中的坐标值。

必须注意的是,数控机床在执行 G92 指令时并不动作,只是显示屏上的坐标值发生了变化。

2. 工件坐标系选择指令

工件坐标系选择指令有 G54、G55、G56、G57、G58、G59,均为模态指令。指令与所选坐标系对应的关系如下:

1) G54 指令:选定工件坐标系 1。
2) G55 指令:选定工件坐标系 2。
3) G56 指令:选定工件坐标系 3。
4) G57 指令:选定工件坐标系 4。
5) G58 指令:选定工件坐标系 5。
6) G59 指令:选定工件坐标系 6。

指令格式如下:

G54;

G55;

G56;

G57;

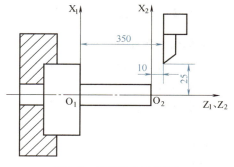

图 3-5 工件坐标系设定

G58；

G59；

加工之前，通过 MDI（手动键盘输入）方式设定这 6 个坐标系原点在机床坐标系中的位置，系统则将它们分别存储在 6 个寄存器中。当程序中出现 G54~G59 中某一指令时，就相应地选择了这 6 个坐标系中的一个。

如用 MDI 方式将工件坐标系 1 的原点在机床坐标系中设定为 X10.0，Z15.0，当程序中用 G54 指令设定坐标系时，就相当于执行程序段：G92 X10.0 Z15.0。

G54 指令为默认值。

3. 局部坐标系设定指令

局部坐标设定指令为 G52，属于非模态指令，仅在本程序段中有效。

指令格式如下：

G52 X_ Z_ A_ C_ ;

X、Z 为局部坐标系原点在工件坐标系中的有向距离，A、C 是相对于 X、Z 两个轴的旋转坐标。

G52 指令可以在 G54~G59 指令指定的工件坐标系中设定局部坐标系。局部坐标系建立以后，绝对值方式编程的移动指令就会使用该局部坐标系中的坐标值。

4. 直接机床坐标系编程指令

直接机床坐标系编程指令 G53 属于非模态指令，只在本程序段中有效。在含有 G53 指令的程序段中，利用绝对值编程的移动指令的坐标位置是相对于机床坐标系的。

5. 绝对值编程指令与增量值编程指令

绝对值编程指令是 G90，增量值编程指令是 G91，它们是一对模态指令。当 G90 指令出现后，其后的所有坐标值都是绝对坐标；当 G91 指令出现以后，其后的坐标值则为相对坐标，直到下一个 G90 指令出现，坐标又改回到绝对坐标。G90 指令为默认值。

3.3.2 运动路径控制指令

1. 单位设定指令

与单位设定有关的指令主要有尺寸单位设定指令和进给速度单位设定指令。

（1）尺寸单位设定指令

尺寸单位设定指令有 G20 和 G21。G20 指令表示英制尺寸，G21 指令表示米制尺寸，其中 G21 指令为默认值。

米制与英制单位的换算关系：1mm≈0.394in，1in≈25.4mm。

注意：

1）有些系统要求必须在程序的开头（坐标系设定之前）用单独的程序段指定尺寸单位，一经指定，不允许在程序的中途切换。

2）有些系统的米制/英制尺寸不采用 G21/G20 指令编程，如 SIMENS 和 FAGOR 系统采用 G71/G70 指令。

（2）进给速度单位的设定指令

进给速度单位的设定指令是 G94 和 G95，均为模态指令，其中 G94 指令为默认值。

指令格式如下：

G94 F_ ;或 G95 F_ ;

G94 指令设定每分钟进给量,单位根据 G20、G21 指令的设定分别为 in/min、mm/min。

G95 指令设定每转进给量,单位根据 G20、G21 指令的设定分别为 in/r、mm/r。要说明的是,这个功能必须在主轴装有编码器时才能使用。

(3) 直径/半径编程

直径/半径编程指令分别为 G22 和 G23。注意,华中数控世纪星 HNC-21/22T 系统的直径/半径编程采用 G36/G37 指令。

用直径和半径编程方式对如图 3-6 所示零件进行编程,刀尖从 A 到 B 时,以绝对值编程为例,指令如下:

直径编程:G22 G01 X36 Z8;
半径编程:G23 G01 X18 Z8;

2. 快速点定位指令

G00 为快速点定位指令,该指令的功能是要求刀具以点位控制方式,从刀具所在位置以各轴设定的最高允许速度移动到指定位置,属于模态指令。它能实现刀具的快速移动,并保证其在指定的位置停止。

程序段格式如下:

G00 X_ Z_;

X、Z 为目标点坐标。

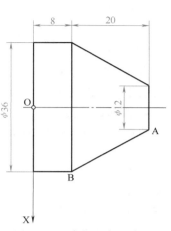

图 3-6 用直径和半径编程方式进行编程的零件

快速点定位的移动速度不能用程序指令设定,而是由数控系统预先设定的。若在快速点定位程序段前设定了进给速度,则 F 指令对 G00 指令程序段无效。快速点定位指令对刀具的运动轨迹没有严格的精度要求,其执行过程是刀具由起始点开始加速移动至最大速度,然后保持快速移动,最后减速到达终点,实现快速点定位,这样可以提高数控机床的定位精度。

3. 线性进给指令

线性进给指令(G01 指令)即直线插补指令,该指令的功能是要求刀具相对于工件以直线插补运算联动方式,按程序段中规定的进给速度,由某坐标点移动到另一坐标点,插补加工出任意斜率的直线。

机床在执行 G01 指令时,在该程序段中必须具有 F 指令或在该程序段前已经有 F 指令,若无 F 指令则认为进给速度为 0。G01 指令和 F 指令均为模态指令。

指令格式如下:

G01 X_ Z_ F_;

X、Z 为目标点坐标。

根据图 3-7 所示图例用 G01 指令编程,坐标系原点 O 是程序起始点,要求刀具由 O 点快速移动到 A 点,然后沿 AB、BC、CD、DA 实现直线切削,再由 A 点快速返回程序起始点 O。

按绝对值编程方式编程如下:

% 0001;(程序名)
N01 G92 X0 Z0;(坐标系设定)

G01 指令

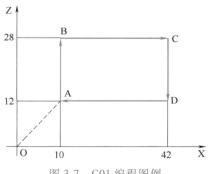

图 3-7 G01 编程图例

```
N10  G90  G00  X10  Z12  S600  T01  M03;（快速移至 A 点,主轴正转,1 号刀,转
速 600r/min）。
N20  G01  Z28  F100;（直线进给 A→B,进给速度 100mm/min）
N30  X42;（直线进给 B→C,进给速度不变）
N40  Z12;（直线进给 C→D,进给速度不变）
N50  X10;（直线进给 D→A,进给速度不变）
N60  G00  X0  Z0;（返回原点 O）
N70  M05;（主轴停止）
N80  M02;（程序结束）
```

直线插补指令 G01 一般作为直线轮廓的切削加工运动指令，有时也用作很短距离的空行程运动指令，以防止 G00 指令在短距离高速运动时可能出现的惯性过冲现象。

4. 圆弧进给指令

圆弧进给指令即圆弧插补指令。G02、G03 为圆弧插补指令，该指令的功能是使机床在给定的坐标平面内进行圆弧插补运动。圆弧插补指令首先要指定圆弧插补的平面，插补平面由 G17、G18、G19 指令选定。圆弧插补有两种方式，一种是顺时针方向的圆弧插补，另一种是逆时针方向的圆弧插补，如图 3-8 所示。编程格式有两种，一种是 I、J、K 格式，另一种是 R 格式。

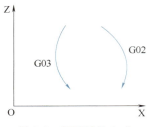

图 3-8 圆弧插补方式

指令格式如下：

```
G02  X_  Z_  I_  K_  F_;  或 G02  X_  Z_  R_  F_;
G03  X_  Z_  I_  K_  F_;  或 G03  X_  Z_  R_  F_;
```

X、Z 为圆弧终点坐标值。在绝对值编程指令 G90 指令下，圆弧终点坐标是绝对坐标；在增量值编程指令 G91 指令下，圆弧终点坐标是相对于圆弧起点的增量值。I、K 表示圆弧圆心相对于圆弧起点在 X、Z 方向上的增量坐标，

G02/G03 指令

即 I 表示圆弧起点到圆心的距离在 X 轴上的投影，K 表示圆弧起点到圆心的距离在 Z 轴上的投影。I、K 的方向与 X、Z 轴的正负方向相对应，如图 3-9 所示，图上 I、K 均为负值。要注意的是，I、K 的值属于 X、Z 方向上的坐标增量，与 G90 和 G91 方式无关。

I、K 为零时可以省略，但不能同时为零，否则刀具会原地不动，系统也会发出报错信息。

下面举例说明 G02、G03 指令的编程方法。

图 3-10 所示为 G02、G03 编程图例，设刀具由坐标原点 O 相对工件快速进给到 A 点，从 A 点开始沿着 B、C、D、E、F、A 的线路切削，最终回到原点 O。

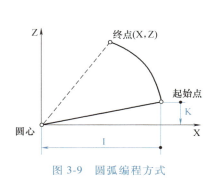

图 3-9 圆弧编程方式

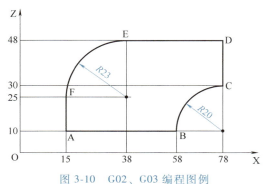

图 3-10 G02、G03 编程图例

为了讨论的方便,在这里不考虑刀具半径对编程轨迹的影响,即编程时假定刀具中心与工件轮廓轨迹重合。但在实际加工时,刀具中心与工件轮廓轨迹间总是相差一个刀具半径,这就要用到刀尖圆弧半径补偿功能。

用增量值编程方式编程如下:

% 0001;程序名

N10　G92　X0　Z0;(建立坐标系)

N20　G91　G17　M03;(增量值方式,XOZ平面,主轴正转)

N30　G00　X15　Z10;(快速移动到A)

N40　G01　X43　F180　S400;(直线插补到B,进给速度180mm/min,主轴400r/min)

N50　G02　X20　Z20　I20　F80;(顺时针方向插补B→C,进给速度80mm/min)

N60　G01　X0　Z18　F180;(直线插补C→D,进给速度180mm/min)

N70　X-40;(直线插补D→E,进给速度不变)

N80　G03　X-23　Z-23　K-23　F80;(逆时针方向插补E→F,进给速度80mm/min)

N90　G01　Z-15　F180;(直线插补F→A,进给速度180mm/min)

N100　G00　X-15　Y-10;(快速返回原点O)

N110　M02;(程序结束)

上面的程序是用I、K格式编写的,如果使用R格式对图3-10所示的图例编程,则只需将上面程序(绝对值编程)中的N50、N80程序段分别修改为如下程序段:

N50　G02　X78　Z30　R20　F80;

N80　G03　X15　Z25　R23　F80;

在使用R格式编程时,按几何作图会出现两段起点和半径都相同的圆弧,其中一段圆弧的圆心角α>180°,另一段圆弧的圆心角α<180°。编程时规定用R表示圆心角<180°的圆弧,用R-表示圆心角>180°的圆弧,圆心角=180°时,正负均可。图3-11所示两段圆弧用R格式编程如下:

圆弧1:G90　G17　G02　X50　Z40　R-30　F120;

圆弧2:G90　G17　G02　X50　Z40　R30　F120;

在实际加工中,往往要求在工件上加工出一个整圆轮廓。整圆的起点和终点重合,用R格式编程无法定义,所以只能用I、K格式编程。如图3-12所示,从起点开始顺时针方向切削,整圆程序段如下:

G90　G17　G02　X80　Z50　I-35　K0　F120;

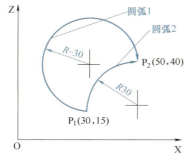

图3-11　用R格式编程圆弧

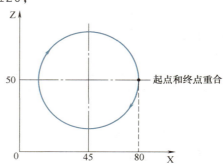

图3-12　用I、K格式编程整圆

5. 暂停指令

G04 为暂停指令，该指令的功能是使刀具做短暂的无进给加工（主轴仍然在转动），经过指令的暂停时间后，再继续执行下一程序段，以获得平整而光滑的表面。G04 指令为非模态指令。

指令格式如下：

G04 X_;或 G04 P_;或 G04 F_;或 G04 S_;

如：

N05　G90　G1　F120　Z-50　S300　M03；
N10　G04　X2.5；(暂停 2.5s)
N15　Z70；
N20　G04　S30；(主轴暂停 30 转)
N30　G00　X0　Y0；(进给率和主轴转速继续有效)
N40　…

暂停指令主要用于如下四种情况：

1) 横向切槽、倒角、车顶尖孔时，为了得到光滑平整的表面，可使用暂停指令使刀具在加工表面位置停留几秒再退刀。

2) 对盲孔进行钻削加工时，刀具进给到孔底位置，用暂停指令使刀具做非进给光整切削，然后再退刀，可保证孔底平整。

3) 钻深孔时，为了保证良好的排屑及冷却，可以设定刀具在加工一定深度后短时间暂停，暂停结束后，继续执行下一程序段。

4) 镗孔、车阶梯轴清根时，刀具在短时间内进行无进给光整加工，可以得到平整表面。

3.4　FANUC 车削系统常用 M 指令及应用

辅助功能 M 指令是控制机床或系统的辅助功能动作的指令，如冷却泵的开和关、主轴的正反转、程序结束等。它属于工艺性指令。M 指令包括模态指令和非模态指令，这类指令与机床的插补运算无关。下面介绍几个常用的 M 指令。

1. 程序停止指令

程序停止指令（M00 指令）实际上是一个暂停指令。在执行此指令后，机床会停止一切操作，即主轴停转、切削液关闭、进给停止。但模态信息全部被保存，在按下控制面板上的启动按钮后，机床会重新启动，继续执行后面的程序。

该指令主要用于在加工过程中需停机检查工件、测量工件、手工换刀或交接班等。

2. 计划停止指令

计划停止指令（M01 指令）的功能与 M00 指令相似，不同的是，M01 指令只有在按下控制面板上"选择停止开关"按钮的情况下，程序才会停止。如果不按下"选择停止开关"按钮，程序执行到 M01 指令时不会停止，而是继续执行下面的程序。M01 指令生效之后，按"启动"按钮可以继续执行后面的程序。

该指令主要用于加工工件抽样检查、清理切屑等。

3. 程序结束指令

程序结束指令（M02 指令）的功能是程序全部结束，即主轴停转、切削液关闭、数控装置和机床复位。该指令写在程序的最后一段。

4. 主轴正转、主轴反转、主轴停止指令

M03 表示主轴正转指令，M04 表示主轴反转指令。主轴正转是从主轴向 Z 轴正向看，主轴顺时针方向转动；反之，则为反转。M05 表示主轴停止指令。M03 指令、M04 指令、M05 指令均为模态指令。要说明的是，有些系统（如华中数控系统 CJK6032 数控车床）不允许在 M03 指令和 M05 指令程序段之间写入 M04 指令，否则在执行到 M04 指令时，主轴会立即反转，进给停止，此时按下"主轴停"按钮也不能使主轴停止。

5. 换刀指令

M06 为手动或自动换刀指令。当执行 M06 指令时，进给停止，但主轴、切削液不停。M06 指令不包括刀具选择功能，常用于换刀前的准备工作。

6. 切削液开关指令

M07、M08、M09 为切削液开关指令，属于模态指令。

M07 指令表示 2 号切削液或雾状切削液开。

M08 指令表示 1 号切削液或雾状切削液开。

M09 指令表示关闭切削液开关，并注销 M07、M08、M50 及 M51 指令（M50、M51 为 3 号、4 号切削液开关指令）。M09 指令是默认值。

7. 程序结束指令

程序结束指令（M30 指令）与 M02 指令的功能基本相同，不同的是，M30 指令能自动返回程序的起始位置，为加工下一个工件做好准备。

8. 子程序调用指令与子程序返回指令

M98 为子程序调用指令，M99 为子程序返回指令，它生效后，子程序会结束并返回到主程序的指令。

3.5 数控车床的倒角功能

任务导入

车削加工如图 3-13 所示的含倒角结构的轴类零件。

倒角加工

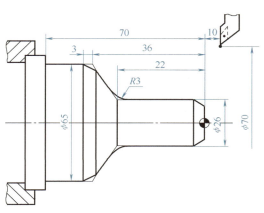

图 3-13 含倒角结构的轴类零件

案例分析

在 FANUC 0i 车削数控系统中，G01 指令还具有在回转体类工件的台阶和端面交接处实现自动加工 45°倒角和倒圆角的功能。为了完成此项任务，需掌握的知识如下：

1. 自动加工 45°倒角

格式 1 如下：

G01 X_ C_ F_;

格式 1 用于由 X 轴向 Z 轴过渡的倒角，C 值有正、负之分。倒角指向 Z 轴负向，则 C 值为负；倒角指向 Z 轴正向，则 C 值为正。

格式 2 如下：

G01 Z_ C_ F_;

格式 2 用于由 Z 轴向 X 轴过渡的倒角，C 值有正负之分。倒角指向 X 轴负向，则 C 值为负；倒角指向 X 轴正向，则 C 值为正。

2. 自动倒圆角

格式 1 如下：

G01 X_ R_ F_;

格式 1 用于 X 轴向 Z 轴向过渡的倒圆角，R 值有正负之分。倒圆角指向 Z 轴负向，则 R 值为负；倒圆角指向 Z 轴正向，则 R 值为正。

格式 2 如下：

G01 Z_ R_ F_;

格式 2 用于 Z 轴向 X 轴向过渡的倒圆角，R 值有正负之分。倒圆角指向 X 轴负向，则 R 值为负；倒圆角指向 X 轴正向，则 R 值为正。

3. 实训

编制如图 3-13 所示含倒角结构的轴类零件的加工程序。

% 0123;
N10 G92 X70 Z10;(设立坐标系,定义对刀点的位置)
N20 G00 U-70 W-10;(从编程规划起点,移到工件前端面中心处)
N30 G01 U26 C3 F100;(加工C3倒角)
N40 W-22 R3;(加工R3圆角)
N50 U39 W-14 C3;(加工C2)
N60 W-34;(加工φ65外圆)
N70 G00 U5 W80;(回到编程规划起点)
N80 M30;(主轴停,主程序结束并复位)

第 4 章　数控车削仿真加工

🔔 **教学目标**

【知识目标】
1. 了解常见数控仿真软件的种类。
2. 掌握常见数控仿真软件的安装方法。
3. 掌握数控仿真软件的菜单功能。

【能力目标】
1. 能根据加工工艺要求选择数控刀具。
2. 能对数控仿真软件进行安装工件和刀具的操作。
3. 能根据现有程序，直接输入数控系统。
4. 能进行对刀，设置刀具参数并自动加工零件。
5. 能用测量功能分析零件加工质量。

【素质目标】
培养学生知识运用的能力。

4.1　数控仿真软件简介

数控仿真软件是将数控设备、工作过程、车削加工方案、系统控制编程等，利用三维模拟技术和大量的图表、数据、解释和习题的方式进行演示和训练。它有整套强大的、人性化的教学方法和丰富的习题库。

这类软件采用数字化 3D 多媒体的教学模式，从基础数控机械设备介绍，到 CAD/CAM 自动化系统编程，完全采用现代化仿真模拟计算机技术，广泛应用于教学和生产。

目前，数控仿真软件有 CGTech VERICUT、VNUC、宇航、上海宇龙、斯沃等，本书仅以 VNUC 和上海宇龙数控仿真软件为例进行介绍。

4.1.1　VNUC 数控仿真软件简介

打开 VNUC 数控仿真软件，选择机床则进入如图 4-1 所示的操作界面。显示屏上方为菜单栏，下方分为左、右两部分，左侧为数控机床显示区，右侧为数控系统面板。

1. 菜单栏

菜单栏有 7 个下拉式菜单："文件""显示""工艺流程""工具""选项""教学管理""帮助"。单击菜单，则出现相应的子菜单，其操作使用方法类似于一般计算机软件。下拉式菜单各命令的具体功能介绍见表 4-1~表 4-3。

数控车削加工技术

图 4-1　VNUC 数控仿真软件操作界面

表 4-1　"文件"菜单各命令的功能说明

命令名称	功能说明
新建项目	新建的项目会将这次操作所选用的毛坯、刀具、数控程序等保存下来,以后加工同样的零件时,只要打开这个项目文件即可进行加工,而不必重新进行设置
打开项目	如果打开的是一个已经完成加工工序的项目,在主窗口中毛坯已经装夹完毕,零件坐标原点已设好,数控程序已被导入,这时只需打开机械面板,按下开关键即可进行加工。如果打开的是一个未完成的项目,则这时的窗口将显示上一次保存项目时的状态
保存项目	将当前工作状态保存为一个文件,供以后继续使用
项目信息	当前项目信息
加载 NC 代码文件	到存放代码文件的文件夹中寻找代码文件(即用户编写的程序,此代码文件路径是个人设定的)
保存 NC 代码文件	将当前工作状态下的加工程序保存为一个文件
加载/保存零件数据	使用和保存加工后的零件数据
退出	结束数控加工仿真系统程序

表 4-2　"显示"菜单各命令的功能说明

命令名称	功能说明
显示复位	显示复位就是将机床图像设成初始大小和位置。无论当前机床图像放大或缩小了多少、方向和位置如何调整,只要使用"显示复位"命令,都可使机床的状态、方向恢复到初始状态,也就是刚进入系统时的状态

(续)

命令名称	功能说明
右视图	使机床的右侧面正对主窗口
左视图	左视图是铣床和加工中心特有的一种视图方式。使用"左视图"命令,可快速地使机床的左侧面正对主窗口
正视图	使机床的正面正对主窗口
零件显示	使主窗口中看不到机床,从而突出显示零件
透明显示	使机床变为透明,从而突出显示零件
隐藏/显示数控系统	其作用是不显示或者显示操作界面右侧的数控系统面板。VNUC系统操作界面的默认设置是左侧为数控机床显示区,右侧为数控系统面板,使用"隐藏/显示数控系统"命令隐藏数控系统面板可以更清楚地观看加工过程
显示/隐藏手轮	其作用是打开或关闭手轮。在默认状态下,手轮是不显示的,需要显示手轮时,可使用该命令使手轮出现在数控机床显示区右下方;不用显示时,再单击该命令项即可关闭手轮显示

表4-3 "工艺流程""工具""选项""教学管理"菜单各命令的功能说明

菜单名称	命令名称	功能说明
工艺流程	加工中心刀库	在不同仿真系统中显示相应的刀具库,主要完成建立和安装新刀具、修改刀具、保存刀具等工作
	基准工具	弹出基准工具对话框
	拆除工具	将刀具或基准工具拆下
	毛坯	打开零件毛坯库
	移动毛坯	调整毛坯的位置
	拆除毛坯	从机床上拆除毛坯
	安装、拆卸、移动压板	可以实现安装、拆卸、移动压板的操作
工具	辅助视图	铣床和加工中心有"辅助视图"命令。在对刀时,为了看清毛坯与基准的接触情况,可以使用该功能
	测量视图	在车床加工操作中,采用试切法对刀时,可使用"测量视图"命令来测量毛坯的直径
选项	选择机床和系统	在该窗口中进行机床和系统的选择
	参数设置	用户可以在这里设置程序运行倍率,以及打开或关闭加工声音
教学管理	教学管理	主要用于远程教育的控制

2. 机床显示工具条

图4-2所示为机床显示工具条。

3. 报警信息栏

图4-3所示为报警信息栏。

4. 数控机床显示区

数控机床显示区(见图4-4)内真实再现了数控加工

图4-2 机床显示工具条

图 4-3 报警信息栏

的动态过程，利用其左下角的机床显示工具条可以对三维视图进行扩大和缩小、局部扩大、旋转和移动等操作，以便以不同视角和比例显示机床、刀具、零件及加工区状况。

5. 数控系统面板

数控系统面板主要由数控装置操作面板和机床操作面板组成，如图 4-4 所示。

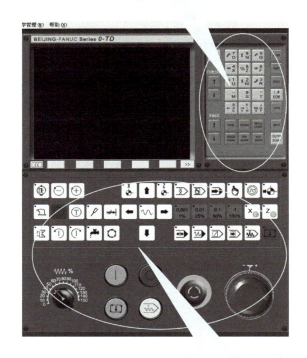

图 4-4 数控系统面板

4.1.2 上海宇龙数控仿真软件简介

打开宇龙数控仿真软件，选择机床则进入如图 4-5 所示的操作界面。显示屏上方为菜单栏，下方分为左、右两部分，左侧为数控机床显示区，右侧为数控系统面板。

1. 菜单栏

菜单栏有 9 个下拉式菜单："文件""视图""机床""零件""塞尺检查""测量""互动教学""系统管理""帮助"。单击菜单，则出现相应的子菜单，其操作使用方法类似于一般计算机软件。下拉式菜单各命令的具体功能介绍见表 4-4~表 4-6。

第4章 数控车削仿真加工

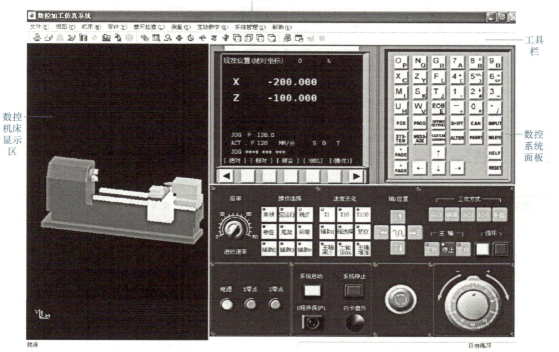

图4-5 宇龙数控加工仿真系统操作界面

表4-4 "文件"菜单各命令的功能说明

命令名称	功能说明
新建项目	新建的项目会将这次操作所选用的毛坯、刀具、数控程序等保存下来,以后加工同样的零件时,只要打开这个项目文件即可加工,而不必重新进行设置
打开项目	如果打开的是一个已经完成加工工序的项目,在主窗口中毛坯已经装夹完毕,工件坐标原点已设好,数控程序已被导入。这时只需打开机械面板,按下开关键即可进行加工。如果打开的是一个未完的项目,则这时的主窗口内将显示上一次保存项目时的状态
保存项目	将当前工作状态保存为一个文件,供以后继续使用
另存项目	将当前工作状态另存到一个文件,供以后继续使用
导入零件模型	到存放零件模型的文件夹中寻找文件(即用户存放的文件,此代码文件路径是个人设定的)。文件的扩展名为"prt",切勿更改扩展名
导出零件模型	将当前工作状态下的加工零件保存到一个指定的文件内。文件的扩展名为"prt",切勿更改扩展名
开始记录	可以进行即时操作录像,以便用于实际教学演示
演示	将录制好的操作过程进行回放
退出	结束数控加工仿真系统程序

表4-5 "视图"菜单各命令的功能说明

命令名称	功能说明
复位	显示复位就是将机床图像设成初始大小和位置。无论当前机床图像放大或缩小了多少,方向和位置如何调整,只要使用"复位"命令,都可使机床的大小、方向恢复到初始状态,也就是刚进入系统时的状态
动态平移	将机床图像进行任意位置的水平移动
动态旋转	将机床图像进行空间任意方位的旋转

（续）

命令名称	功能说明
动态放缩	将机床图像进行任意大小的缩放
局部放大	将机床图像上任意部位放大,以便于清晰显示该部位
前视图	可快速地使机床的正面正对主窗口
俯视图	可快速地使机床的上面正对主窗口（仿真加工时应用最多）
左侧视图	可快速地使机床的左侧面正对主窗口
右侧视图	可快速地使机床的右侧面正对主窗口
控制面板切换	将显示屏上机床的控制面板进行功能转换
选项	包括加工声音的开关、机床和零件显示的方式、仿真加工倍率、报警信息显示等

表 4-6 "机床""零件""测量"菜单各命令的功能说明

菜单名称	命令名称	功能说明
机床	选择机床	根据不同要求和实际机床的系统、型号选择合适的仿真机床的机型、系统及操作面板
	选择刀具	根据需要选择正确的刀具以满足加工的需要
	拆除工具	拆除辅助工具
	DNC 传送	实现在线传输功能,将已经编好的程序传输到数控装置中
	检查 NC 程序	进行 NC 程序的检查
	移动尾座	通过该功能实现尾座的伸缩和移动
零件	定义毛坯	根据零件图样的要求设定零件毛坯的外形
	放置零件	安装、放置已经设定好的零件毛坯
	移动零件	根据需要移动零件以满足加工的需要
	拆除零件	拆除机床上已安装的零件
测量	剖面图测量	对已加工的零件进行尺寸测量
	工艺参数	显示当前状态下机床、刀具、切削用量选择的内容

表 4-7 "互动教学""系统管理"菜单各命令的功能说明

菜单名称	命令名称	功能说明
互动教学	自由练习	学生机不受控制,可以自由练习
	结束自由练习	教师机专用
	观察学生当前操作	
	结束观察当前操作	
	打开对话窗口	
	读取操作记录	可以将前边录制好的操作过程读取出来或者是将某位学生的操作过程调出来进行回放,以便于进行即时检测
	评分标准	教师机专用
	交卷	考试时使用
	查询	对仿真操作成绩的查询（仅限于教师使用）
	鼠标同步	将学生机与教师机的鼠标同步,使教师机的操作过程同步显示到每台学生机上,以便于教学演示
系统管理	机床管理	教师机专用
	用户管理	
	批量用户管理	
	刀库管理	
	系统设置	各种系统的设定及功能的选择等

2. 工具栏

机床显示工具栏如图 4-6 所示。

图 4-6 工具栏

3. 报警信息栏

报警信息栏如图 4-7 所示。

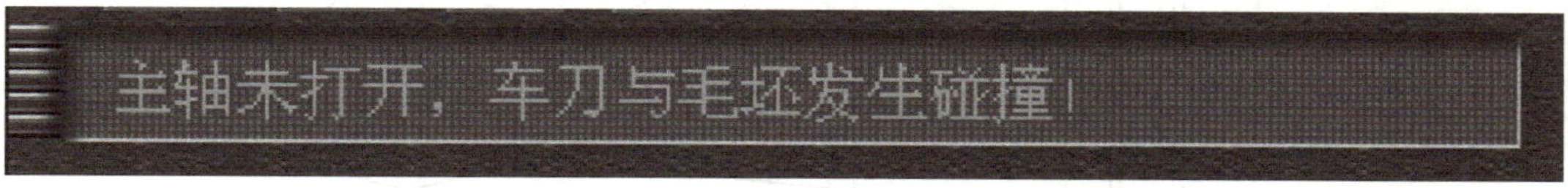

图 4-7 报警信息栏

4. 数控机床显示区

数控机床显示区如图 4-8 所示。

5. 数控系统面板

数控系统面板由数控装置操作面板和机床操作面板组成,如图 4-8 所示。

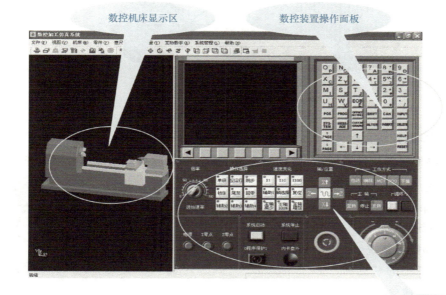

图 4-8 数控机床显示区和数控系统面板

4.2 数控车削仿真加工实例

4.2.1 VNUC 数控仿真加工实例

任务导入

仿真加工实例

给定加工程序，利用 VNUC 数控仿真软件完成仿真加工。仿真加工零件的零件图如图 4-9 所示，结果如图 4-10 所示。

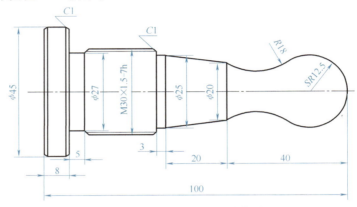

图 4-9 仿真加工零件的零件图

图 4-10 仿真加工零件的结果

1. 启动 VNUC 数控仿真软件

双击计算机桌面上的软件图标 ，打开 VNUC 数控仿真软件。系统弹出用户登录界面，如图 4-11 所示。输入用户名和密码后再单击"登录"按钮，进入 VNUC 数控仿真系统。

2. 选择机床和数控系统

1）单击菜单栏中的"选项"→"选择机床和系统"命令。

2）在弹出的"选择机床与数控系统"对话框中，选择"机床类型"中的"卧式车床"，如图 4-12 所示。

图 4-11 VNUC 数控仿真软件用户登录界面

3）在窗口左下方的"数控系统"列表框中选中 FANUC 0T，右侧"机床参数"列表框里显示的是此数控系统的相关参数。

4）单击"确定"按钮，完成机床与数控系统的选择。主界面左侧的数控机床显示区会显示卧式车床，右侧的数控系统面板自动切换成 FANUC 0T 系统。

3. VNUC 数控仿真系统的基本操作

（1）启动机床并回零

开机与回零仿真

首先启动数控装置，单击"加电"按钮，旋开"急停"旋钮。单击"回零"按钮，然后分别单击坐标轴移动按钮中的方向按钮和，使坐标轴顺序回零。

（2）毛坯安装

毛坯安装仿真

1）单击菜单栏中的"工艺流程"→"新毛坯"，出现"车床毛坯"对话框，如图4-13所示，按照对话框提示填写零件要求的参数。

图4-12 "选择机床与数控系统"对话框

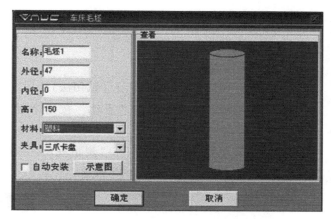

图4-13 "车床毛坯"对话框

注：图中的"三爪卡盘"现被称作"自定心卡盘"，后同。

2）单击"确定"按钮，将设定好的"毛坯1"添加到毛坯零件列表中，如图4-14所示。

3）选择毛坯1，单击"安装此毛坯"按钮，然后将毛坯调整到合适的位置后单击"确定"按钮即可，如图4-15所示。

图4-14 毛坯零件列表

图4-15 安装及调整毛坯

(3)安装刀具

单击菜单栏中的"工艺流程"→"车刀刀库",打开车床的"刀库"对话框,如图4-16所示。根据零件形状选择相应刀具并单击"确定"按钮。同时,车床的刀架上会出现新安装的刀具,如图4-17所示。

刀具安装仿真

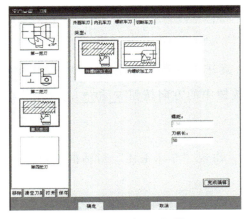

图 4-16 "刀库"对话框

图 4-17 新刀具安装

4. 对刀与偏置设置

(1)设置 T01 号 93°外圆车刀(试切法)

1)在数控系统面板中单击"手动"按钮 进入手动操作方式,试切外圆,如图4-18所示。

对刀仿真

2)单击菜单栏中的"工具"→"测量视图",测量出试切毛坯的直径 X 为 46.0355mm,试切长度为 17.1603mm,如图4-19所示。

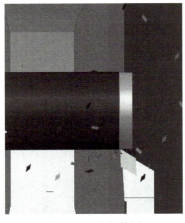

图 4-18 试切外圆

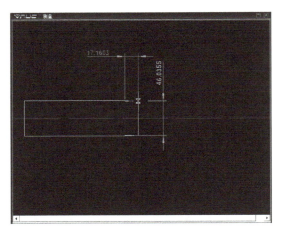

图 4-19 试切测量

3)计算数值:

$$X = \frac{(-45.972)+(-46.0355)+(-0.2)}{2} = -46.10375$$

$$Z = (-400.0355)+(-0.2)-17.1603 = -417.3958$$

4)单击 按钮进入 MDI 操作方式,再单击 按钮,出现工件坐标系设定界面,如

图 4-20 所示。然后单击"形状"软键，出现形状输入界面，如图 4-21 所示。

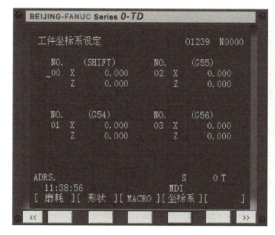

图 4-20 工件坐标系设定界面

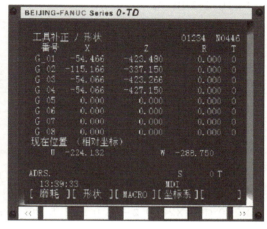

图 4-21 形状输入界面

（2）其他刀具的设置

用上述方法，完成 T02 号刀具、T03 号刀具的对刀与偏置设置。

5. 上传加工程序（NC 语言）及自动加工

（1）上传加工程序

1）将工作方式转换为自动加工方式。

2）单击菜单栏中的"文件"→"加载 NC 代码文件"。

3）选择代码存放的文件（O0001），单击"打开"按钮；单击程序按钮 ，显示屏上显示该程序，如图 4-22 所示。同时，该程序名会自动加入系统内存程序列表中。

具体加工程序如下：

O0001

N10 M03 T0101 S800;

N20 G00 X55.0 Z5.0;

N30 G71 U0.5 R1.0;

N40 G71 P50 Q150 U0.5 W0 F0.3;

N50 G00 X0;

N60 G01 Z0 F0.2;

N70 G03 X25.5 Z-20.0 R12.5 F0.2;

N80 G01 Z-63.0 F0.2;

N90 X28.0;

N100 X29.8 W-1.0;

N110 Z-92.0;

N120 X13.0;

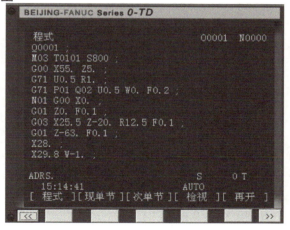

图 4-22 加工程序显示界面

录入程序仿真

N130 X44.98 W-1.0;
N140 Z-100.0;
N150 X55.0;
N160 G00 X100.0 Z100.0;
N170 M05;
N180 M00;
N190 M03 T0101 S800;
N200 G00 X55.0 Z5.0;
N210 G70 P50 Q150;
N220 G00 X30.0 Z0;
N230 G01 X0 F0.2;
N240 G03 X20.0 Z-20.0 R12.5 F0.15;
N250 G02 X20.0 Z-40.0 R18.0;
N260 G01 X25.0 W-20.0 F0.2;
N270 W-3.0;
N280 X35.0;
N290 G00 X100.0 Z100.0
N300 T0202 S600;
N310 G00 X35.0 Z-92.0;
N320 G94 X27.0 Z-92.0 F0.2;
N330 G01 X29.8 Z-91.0 F0.2;
N340 X28.0 W-1.0;
N350 X49.0;
N360 G00 X50.0 Z-105.0;
N370 G94 X42.0 Z-105.0 F0.2;
N380 G01 X45.0 Z-104.0 F0.2;
N390 X43.0 W-1.0;
N400 X50.0;
N410 G00 X100.0 Z100.0;
N420 T0303 S1000;
N430 G00 X32.0 Z-60;
N440 G92 X29.5 Z-88.0 F1.5;
N450 X29.0;
N460 X28.5;
N470 X28.1;
N480 X28.05;
N490 G00 X100.0 Z100.0;
N500 M05;
N510 M30;

（2）自动加工

1）选择 EDIT 工作方式，使加工程序复位。

2）转换 AUTO 加工方式，检查进给倍率和主轴转速，最后单击"循环启动"按钮，执行自动加工。

仿真加工结果如图 4-23 所示。

3）测量。零件加工完成后，单击菜单栏中的"工具"→"测量视图"，可以分别测量其轮廓尺寸，以便校验编程和加工的正确性。

图 4-23 仿真加工结果

4.2.2 上海宇龙数控仿真加工实例

📚 任务导入

给定加工程序，利用宇龙数控仿真软件完成仿真加工。仿真加工零件的零件图如图 4-24 所示，结果如图 4-25 所示。

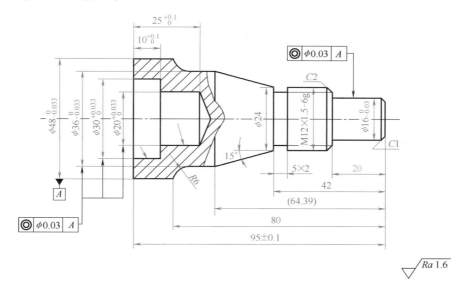

图 4-24 宇龙仿真加工零件的零件图

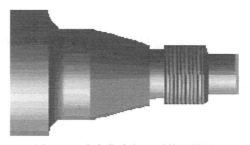

图 4-25 宇龙仿真加工零件的结果

1. 启动宇龙数控加工仿真系统

从"开始"菜单打开宇龙数控加工仿真系统,如图 4-26 所示。系统弹出用户登录界面,如图 4-27 所示。输入用户名和密码后再单击"确定"按钮,进入数控仿真软件。

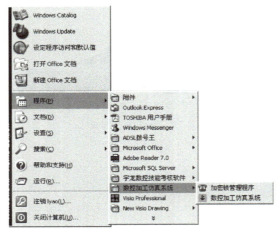

图 4-26 打开宇龙数控加工仿真系统

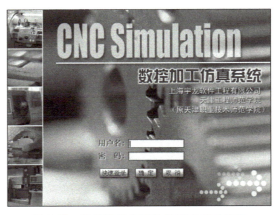

图 4-27 宇龙数控仿真软件用户登录界面

2. 选择机床和数控系统

登录后,单击菜单栏中的"机床"→"选择机床",如图 4-28a 所示,弹出"选择机床"对话框,选择数控系统和数控机床,如图 4-28b 所示。

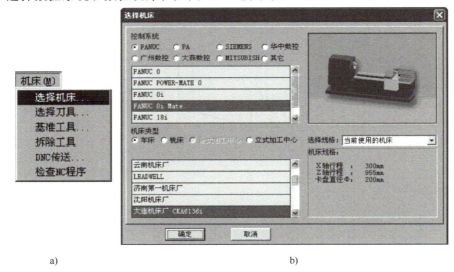

　　　　　　a)　　　　　　　　　　　　　　　　　　b)

图 4-28 "选择机床"命令和对话框

单击"确定"按钮,对话框关闭,主界面左侧的显示区显示卧式车床,右侧的数控系统面板自动切换成 FANUC 0i Mate 系统,如图 4-29 所示。

3. 数控加工仿真系统的基本操作

（1）启动机床并回零

首先启动数控装置,单击"系统启动"按钮 ▇,旋开"急停"旋钮 ●。单击"回零"按钮 ▇,然后分别单击坐标轴移动按钮中的方向按钮 X↑ 和 Z←,使坐标轴顺序回零。

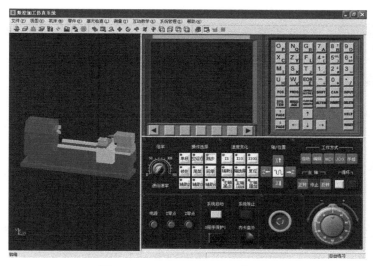

图 4-29 FANUC 0i Mate 系统界面

(2) 装夹零件

1) 定义毛坯。单击菜单栏中的"零件"→"定义毛坯",如图 4-30a 所示,弹出"定义毛坯"对话框,如图 4-30b 所示,按照图示对话框填写零件要求的毛坯参数。

2) 单击"确定"按钮,将设定好的"毛坯 1"添加到毛坯零件列表中,如图 4-31 所示。

3) 选择毛坯 1。单击"安装零件"按钮,将毛坯调整到合适的位置后单击"确定"按钮即可。

当零件有内部结构时,为了能更好地观察和加工零件,可通过更改零件显示模式来清楚地显示零件的内部结构。

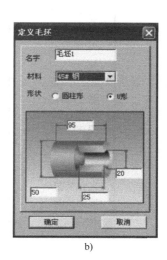

a) b)

图 4-30 "定义毛坯"命令和对话框

注:图中的"45#钢"现被称作"45 钢",后同。

单击菜单栏中的"视图"→"选项",如图 4-32 所示,弹出"视图选项"对话框,如图 4-33 所示。在"视图选项"对话框中,根据要显示的部位进行相应的调整。

4) 刀具安装。单击菜单栏"机床"→"选择刀具",如图 4-34 所示,弹出车床的"刀具选择"对话框,如图 4-35 所示。

安装 T01 号外圆车刀的步骤如下:

① 在"刀具选择"对话框内单击 1 号刀位。

② 根据零件加工工艺要求,在"选择刀片"选项组中选择刀尖角度为 35°的刀片,同时,选项组下侧会显示出刀片的具体参数,选择序号为"1"的刀片,如图 4-36 所示。

③ 在"选择刀柄"选项组中选择刀柄,下侧会显示出具体参数,选择主偏角为 95°的刀柄,设定刀具长度为 60,刀尖半径为 0.8,对话框左下方会显示出选择好的刀具效果图。

④ 选择完成后,单击"确定"按钮完成对 T01 号刀的设置,如图 4-37 所示。

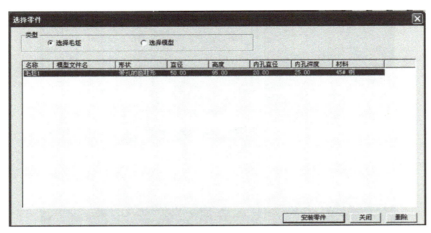

图 4-31 "选择零件"对话框

图 4-32 "视图"菜单

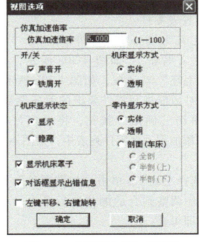

图 4-33 "视图选项"对话框

图 4-34 "机床"菜单

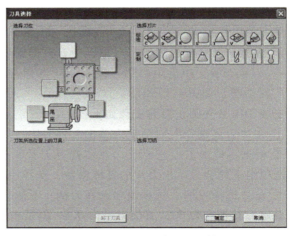

图 4-35 "刀具选择"对话框

第 4 章 数控车削仿真加工

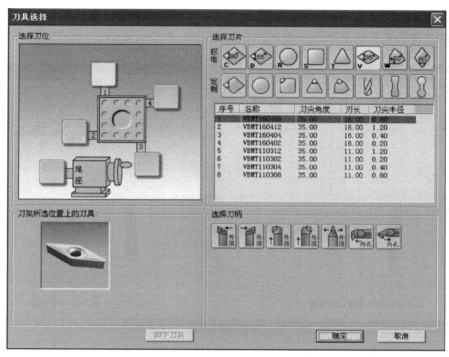

图 4-36 T01 号外圆车刀刀片选择界面

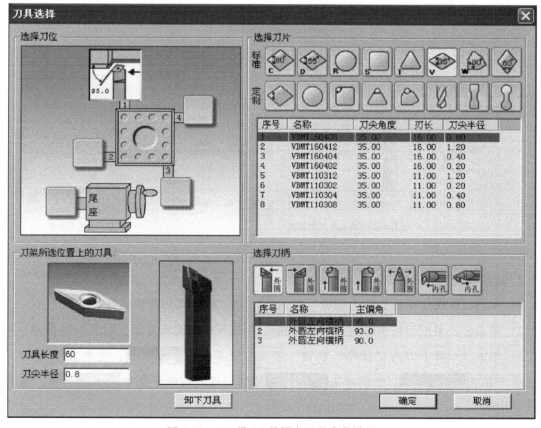

图 4-37 T01 号 95°外圆车刀的参数设置

重复上述操作，安装 T02 号 3 mm 车槽刀、T03 号 60°螺纹车刀、T04 号 93°内孔车刀，它们的参数及刀具安装效果如图 4-38 所示。

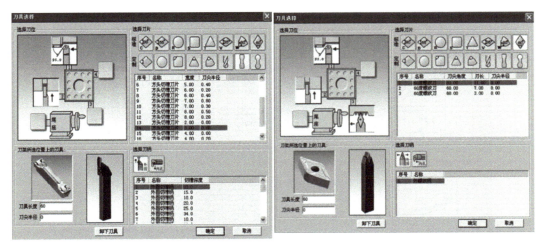

a) T02号3mm车槽刀的参数　　　　　　　　b) T03号60°螺纹车刀的参数

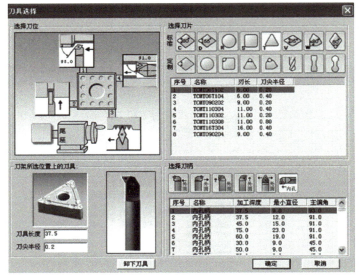
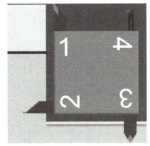

c) T04号93°内孔车刀的参数　　　　　　　　d) 刀具安装效果图

图 4-38　刀具安装过程

4. 程序输入

1）单击机床操作面板上的"编辑"按钮 编辑 ，将工作方式切换到编辑状态。

2）单击数控系统面板 MDI 键盘上的按钮 PROG ，进入程序编辑界面，如图 4-39 所示。

3）单击显示屏下方的"操作"软键，进入二级子菜单 ；再单击 ▶ 按钮，进入三级子菜单 ；然后单击 [READ] 按钮，进入四级子菜单 ，输入程序号"O0001"。

选择代码存放的文件，单击"打开"按钮；单击"程序"按钮 PROG ，显示屏上显示该程序，如图 4-40 所示。同时，该程序名会自动加入系统内存程序列表中。

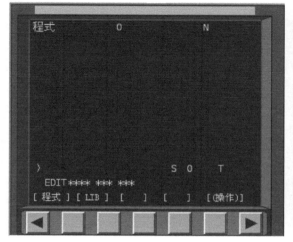

图 4-39　程序编辑界面

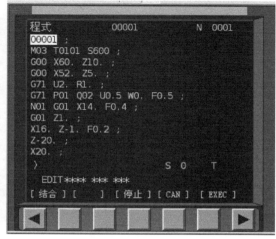

图 4-40　程序显示界面

具体加工程序如下：

① 零件右端加工程序：

O0001

N10 M03 T0101 S600;

N20 G00 X60.0 Z10.0;

N30 G00 X52.0 Z5.0;

N40 G71 U2.0 R1.0;

N50 G71 P60 Q170 U0.05 F0.05;

N60 G01 X14.0 F0.04;

N70 G01 Z1.0;

N80 X16.0 Z-1.0 F0.02;

N90 Z-20.0;

N100 X20.0;

N110 X23.08 W-2.0;

N120 Z-42.0;

N130 X24.0;

N140 X36.0 Z-64.39;

N150 Z-74.0;

N160 G02 X48.0 W-6.0 R6.0;

N170 G01 X52.0;

N180 G70 P60 Q170;

N190 G00 X100.0 Z100.0;

N200 T0202 S400;

N210 G00 X50.0 Z5.0;

N220 G00 X26.0 Z-40;

N230 G94 X20.0 W0 F0.02；
N240 X20.0 Z-42.0；
N250 G00 X150.0 Z100.0；
N260 T0303 S600；
N270 G00 X50.0 Z5.0；
N280 G00 X26.0 Z-15.0；
N290 G92 X23.0 Z-39.0 F1.5；
N300 G92 X22.5 Z-39.0 F1.5；
N310 G92 X22.05 Z-39.0 F1.5；
N320 G00 X150.0 Z100.0；
N330 M30；
② 零件左端加工程序：
O0002
N10 M03 T0101 S600；
N20 G00 X60.0 Z10.0；
N30 G00 X52.0 Z5.0；
N40 G01 X48.0 F0.02；
N50 Z-16.0；
N60 G00 X100.0；
N70 Z100.0；
N80 T0404 S400；
N90 G00 X60.0 Z10.0；
N100 G00 X18.0 Z5.0；
N110 G71 U1.0 R0.02；
N120 G71 P130 Q180 U-0.05 W0 F0.05；
N130 G00 X30.0；
N140 G01 Z2.0 F0.02；
N150 Z-10.0；
N160 X20.0；
N170 Z-25.0；
N180 X19.05；
N190 G70 P130 Q180；
N200 G00 Z100.0；
N210 X150.0；
N220 M30；

5. 程序校验

1）单击机床操作面板上的"自动"按钮<自动>，将工作方式切换到自动加工状态。

2）单击数控系统面板 MDI 键盘上的<CUSTOM GRAPH>按钮，进入图形模拟界面，然后单击机床操作面板上的"循环启动"按钮，即可观察加工程序的运行轨迹，如图 4-41 所示。

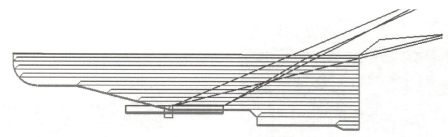

图 4-41　加工程序运行轨迹模拟

6. 对刀与偏置设置

（1）T01 号外圆车刀的设置（试切法）

1）单击机床操作面板的 JOG 按钮，进入手动操作方式状态，通过单击轴/位置按钮，将刀具移到工件附近。

2）单击主轴"正转"按钮 正转，先在工件外圆试切一刀，如图 4-42 所示，沿 +Z 方向退刀。单击"停止"按钮 停止，主轴停转。

3）单击菜单栏中的"测量"→"剖面图测量"，如图 4-43a，弹出"请您作出选择！"提示框，提示"是否保留半径小于 1 的圆弧？"，如图 4-43b 所示。

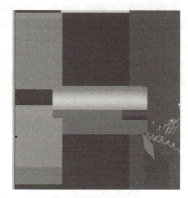

图 4-42　试切外圆

图 4-43　"测量"菜单和"请您作出选择！"提示框

单击"否"按钮，弹出"车床工件测量"对话框，单击外圆加工部位，选中部位变色并显示出实际尺寸；同时，对话框下侧相应尺寸参数变为蓝色亮条显示，如图 4-44 所示。

4）单击数控系统面板 MDI 键盘上的按钮，进入"工具补正"界面，单击显示屏下端的"形状"软键，进入工具补正输入界面，如图 4-45 所示。

5）单击轴/位置按钮，使光标移到 01 位置，在控制面板上输入 X 轴尺寸"X47.62"，单击"测量"软键，系统会自动换算出 X 轴相应坐标值；输入 Z 轴尺寸"Z-5.956"，单击"测量"软键，系统会自动换算出 Z 轴相应坐标值。完成对 T01 号外圆车刀的对刀与偏置设置，如图 4-46a 所示。

（2）其他车刀的设置

用上述方法，完成对 T02 号刀、T03 号刀、T04 号刀的对刀与偏置设置，如图 4-46b~d 所示。

7. 自动加工

1）单击机床操作面板上的"自动"按钮，将工作方式切换到自动加工状态。

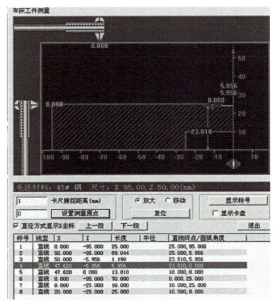

图 4-44 "车床工件测量"对话框

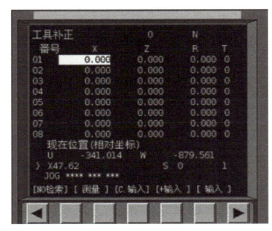

图 4-45 "工具补正"输入界面（1）

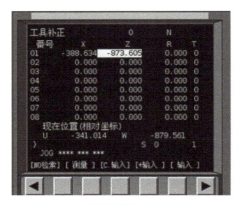

a) T01号刀

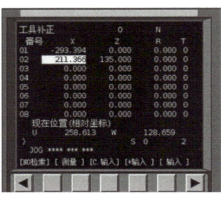

b) T02号刀

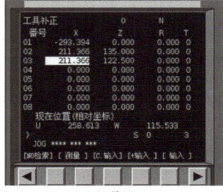

c) T03号刀

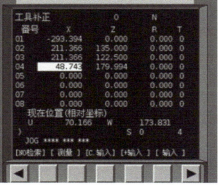

d) T04号刀

图 4-46 "工具补正"输入界面（2）

2）单击编辑面板 MDI 键盘上的按钮 PROG，切换到程序界面，单击机床操作面板上的循环启动按钮，即可进行自动加工。零件右端的加工过程如图 4-47 所示。

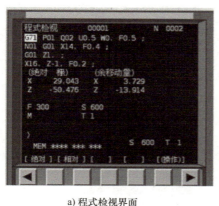

图 4-47　零件右端加工过程

3）加工完零件右端后，单击菜单栏"零件"→"移动零件"，弹出对话框，如图 4-48 所示。

单击零件"反转"按钮 ，然后单击"退出"按钮，将零件调头装夹，如图 4-49 所示。

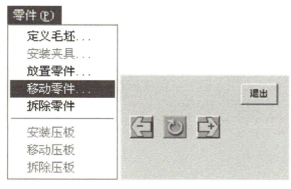

图 4-48　"移动零件"命令

图 4-49　零件调头装夹

4)重复1)和2)两个步骤,加工零件带孔的一端(左端),零件左端的加工过程如图 4-50 所示。

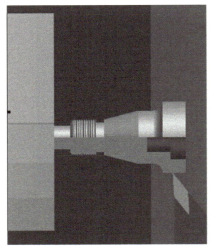 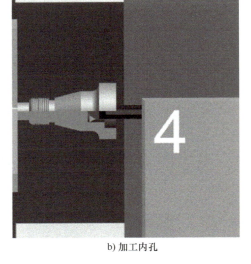

a) 加工外圆　　　　　　　　　　b) 加工内孔

图 4-50　零件左端加工过程

第 5 章 数控机床的操作

教学目标

【知识目标】

1. 熟悉 FANUC 0i Mate-TD 系统面板,能通过系统面板输入并编辑程序。
2. 熟悉机床操作面板,能通过机床操作面板对机床进行基本操作。
3. 能熟练操作机床,掌握开机、关机、回零、手动操作,掌握 MDI 输入、程序编辑、刀具参数设置,以及自动加工等机床操作方法。

【能力目标】

1. 了解数控机床面板各功能键的作用,并能正确使用。
2. 能正确完成数控机床主轴、刀塔的手动操作、程序编辑、刀具参数设置等操作。

【素质目标】

1. 培养学生的知识应用能力、学习能力和动手能力。
2. 培养学生团队协作能力、成员协调能力和决策能力。
3. 培养学生强烈的责任感和良好的工作习惯。

5.1 FANUC 0i Mate-TD 数控机床面板介绍

5.1.1 FANUC 0i Mate-TD 系统面板

FANUC 0i Mate-TD 系统面板分为两大区域:液晶显示屏区域和编辑面板区域,如图 5-1

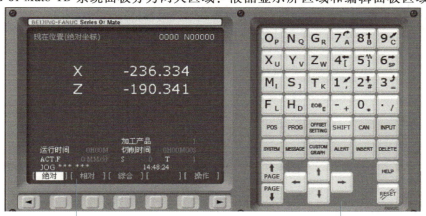

图 5-1 FANUC 0i Mate-TD 系统面板图

所示。编辑面板又分为 MDI 键盘和功能键,功能键有 6 个,其他键均属于 MD1 键盘,如图 5-2 所示。编辑面板各键说明见表 5-1。

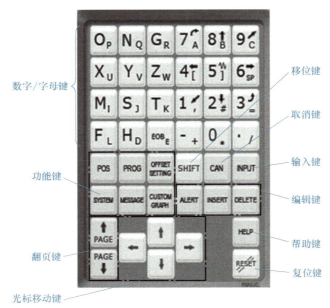

图 5-2　编辑面板上各键的名称和位置分布

表 5-1　编辑面板各键说明

名称	功能键图示	功能说明
数字/字母键		用于输入数字或者字母,输入时自动识别所输入的是字母还是数字,其中 EOB 键为回车换行键
功能键		POS:切换显示屏到机床位置界面 PROG:切换显示屏到程序管理界面 OFFSET SETING:进行刀具补偿数据的显示与设定 SYSTEM:显示系统信息 MESSAGE:显示提示信息 CUSTOM GRAPH:显示图形画面
移位键	SHIFT	某些键有两个字符,此键用于字符切换
取消键	CAN	删除输入区最后一个字符
输入键	INPUT	把输入区域内的数据输入参数页面或者输入一个外部的数控程序

(续)

名称	功能键图示	功能说明
编辑键	ALERT INSERT DELETE	ALERT：编辑程序时修改光标块内容 INSERT：编辑程序时在光标处插入内容，或者插入新程序 DELETE：编辑程序时删除光标块的程序内容，或者删除程序
翻页键	PAGE↑ PAGE↓	使屏幕向前或向后翻一页，在检查程序和诊断时使用
光标移动键	↑←↓→	控制光标在操作区上下、左右移动，在修改程序或参数时使用
帮助键	HELP	显示如何操作机床，可在 CNC 发生报警时提供报警信息
复位键	RESET	用来对 CNC 进行复位，或清除报警信息

5.1.2 机床操作面板

FANUC 0i Mate-TD 系统机床操作面板如图 5-3 所示，其功能介绍见表 5-2。

数控车床
面板介绍

图 5-3　FANUC 0i Mate-TD 系统机床操作面板

表 5-2 机床操作面板功能介绍

名称	图示	功能
控制器通电 控制器断电	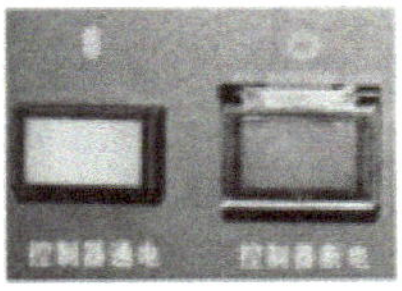	系统电源开关,包括"控制器通电"和"控制器断电"两个按钮
机床准备		打开驱动开关
程序保护	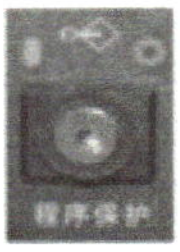	程序保护锁
急停		紧急停止旋钮
指示灯	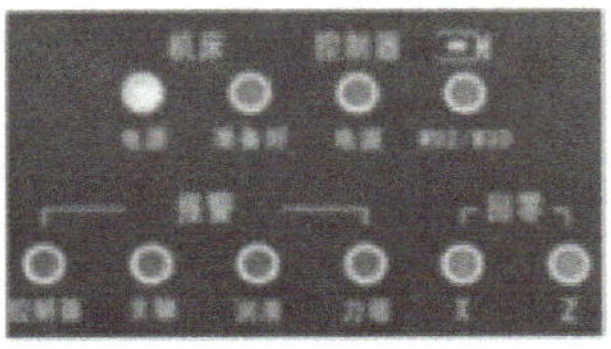	状态指示灯
跳步		按下此按键,程序中的"/"有效
单步	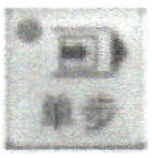	按下此按键,运行程序时每次执行一行数控指令
空运行		按下此按键,程序中的插补运动都以快速运动方式执行
MST 锁定		按下此键,程序中的 MST 功能被锁定
机床锁定		按下此键,机床被锁定,不能执行运动
选择性停止		按下此键,程序中的"M01"代码有效

（续）

名称	图示	功能	
内外卡盘		此键可以选择内、外卡盘方式	
自定义		厂家自定义按键	
进给倍率		调整手动进给或自动加工过程中插补进给速度	
主轴倍率		调整主轴转速	
排屑		按下此键，排屑器开启	
工作灯		按下此键，工作灯打开	
方式选择		DNC	进入 DNC 模式，输入或输出资料
		回零	机床进入回零模式
		快速	进入手动快速移动模式
		手轮	进入手轮模式
		手动	进入手动模式
		MDI	进入 MDI 模式
		自动	进入自动运行模式
		编辑	进入编辑模式
程序启动		程序运行开始	
进给保持		在程序运行过程中，按下此键，程序运行暂停，再按下"程序启动"键，程序从暂停的位置开始执行	

（续）

名称	图示	功能
手轮 快速/倍率	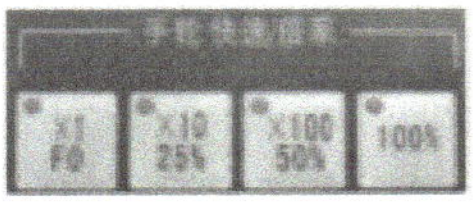	×1、×10、×100分别代表移动单位为0.001mm、0.01mm、0.1mm F0、25%、50%、100%分别设定快速手动进给速度
主轴		控制主轴正转、反转、停止
轴选择	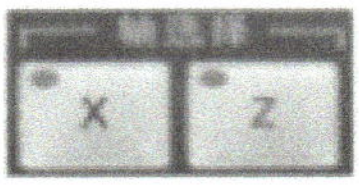	通过该按键选择进给轴
手动	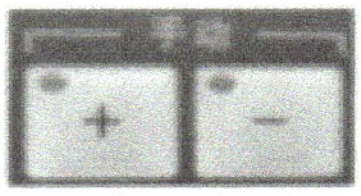	进给轴正向或负向移动
手轮	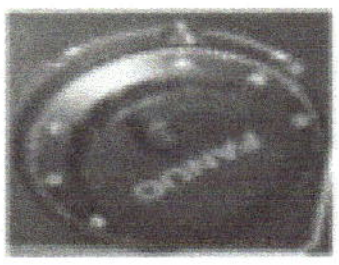	当置为手轮模式时，转动手轮可以使机床的进给轴移动

5.2 数控机床基本操作

5.2.1 开机与关机

开机：打开机床电气柜电源开关→按机床操作面板的"控制器通电"键→检查"急停"旋钮是否在松开状态（若未松开，旋转"急停"旋钮，将其松开）→按"机床准备"键，开启机床电源。

关机：按RESET键复位系统→按下"急停"旋钮→按机床操作面板上的"控制器断电"键→关闭机床总电源。

5.2.2 回零操作

回零又称回机床参考点。

开机后，首先必须进行回零操作，其目的是建立机床坐标系。操作方式有两种。

1. 手动方式

X轴回零：将"方式选择"旋钮旋转至"回零"状态→按"轴选择"中的X键→按"手动"中的+键。

Z轴回零：按"轴选择"中的Z键→按"手动"中的+键。

2. MDI 操作

将"方式选择"旋钮旋转至 MDI 状态，进入 MDI 操作界面，输入"G28 U0 W0"，再按"程序启动"键即可。

回零操作时，应先进行 X 轴回零，再进行 Z 轴回零。

5.2.3 手动操作

1. 手动/连续方式

1）进入手动操作模式：将机床操作面板上"方式选择"旋钮旋转至手动状态。

2）手动操作轴的移动：通过"轴选择"旋钮，选择需要移动的 X 或 Z 坐标轴，通过"手动"键，控制轴沿正、负方向的移动。

2. 手轮操作

刀架的运动可以通过手轮来实现。

手轮操作适用于微动、对刀、精确移动刀架等操作。

1）按下"轴选择"中的 X 或 Z 键，选择需要移动的坐标轴方向。

2）移动速度由"手轮 快速/倍率"按键调节，以选择合适的倍率。

各倍率档的含义："×1"表示手轮每转动一格，相应的坐标轴移动 0.001mm。"×10"表示手轮每转动一格，相应的坐标轴移动 0.01mm。"×100"表示手轮每转动一格，相应的坐标轴移动 0.1mm。

3）旋转手轮，可精确控制机床进给轴的移动。

顺时针方向转动手轮时，坐标轴向正方向移动。逆时针方向转动手轮时，坐标轴向负方向移动。

5.2.4 MDI 操作

MDI 方式也称数据输入方式，它具有从编辑面板输入一个程序段或指令并执行该程序段或指令的功能，常用于启动主轴、换刀、对刀等操作。操作步骤如下：

1）将机床操作面板上"方式选择"旋钮旋转至 MDI 状态，进入 MDI 方式。按 PROG 键，进入编辑页面。

2）按"程序启动"键运行程序。按 RESET 键可以清除输入的数据。

5.2.5 编辑方式

在编辑方式下，可以对程序进行编写和修改。

1. 显示程序存储器的内容

1）将"方式选择"旋钮旋转至"编辑"状态。

2）按 PROG 键显示程式（PROGRAM）界面。

3）按 LIB 软键后显示屏会显示程序存储器的内容，如图 5-4 所示。

2. 输入新的加工程序

操作步骤如下：

1）将"方式选择"旋钮旋转至"编辑"状态。

2）按 PROG 键显示程式（PROGRAM）界面。

3）输入程序名"O0001"，按 INSERT 键确认，建立一个新的程序号，如图 5-5 所示。

即可输入程序的内容。

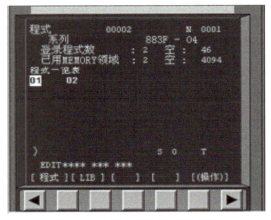

图 5-4 显示程序存储器的内容

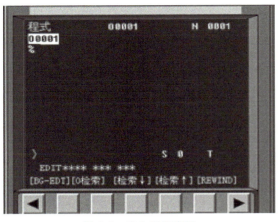

图 5-5 建立新程序号

4）每输入一个程序语句后按 EOB 键表示语句内容完成，然后按 INSERT 键将该语句输入。输入结束后，显示屏会显示程序语句，如图 5-6 所示。

3. 编辑程序

（1）检索程序

1）将"方式选择"旋钮旋转至"编辑"状态。

2）按 PROG 键，显示屏会显示程式画面。

3）输入要检索的程序号，如图 5-7 所示。

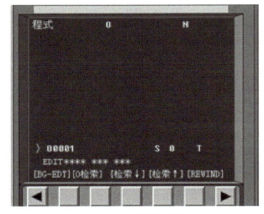

图 5-6 程序输入显示   图 5-7 检索程序号

4）按"O 检索"软键，即可调出所要检索的程序。

（2）检索程序段（语句）

检索程序段需在已检索出程序的情况下进行。

1）输入要检索的程序段号，如 N6。

2）按"检索↓"软键，光标即移至所检索的程序段 N6 所在的位置，如图 5-8 所示。

（3）检索程序中的字

1）输入需要检索的字，如"Z-10"。

2)以光标当前的位置为准,若在前面程序中检索,则按"检索↑"软键;若在后面程序中检索,则按"检索↓"软键。光标会移至所检索的字第一次出现的位置,如图 5-9 所示。

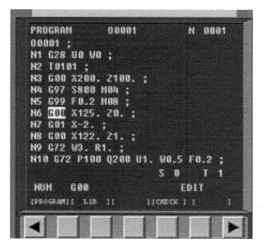

图 5-8 检索程序段

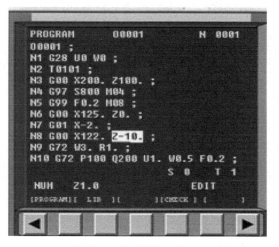

图 5-9 检索程序中的字

(4)字的修改

例如:将"Z-10.0"改为"Z1.0"。

1)将光标移至"Z-10.0"位置(可用检索程序中字的方法)。

2)输入要替换后的字"Z1.0"。

3)按 ALERT 键,用"Z1.0"替换"Z-10.0",如图 5-10 所示。

(5)删除字

例如:删除程序段"N1 G00 X122.0 Z1.0;"中的"Z1.0"。

1)将光标移至要删除的字"Z1.0"的位置。

2)按 DELETE 键,"Z1.0"被删除,光标自动向后移,如图 5-11 和图 5-12 所示。

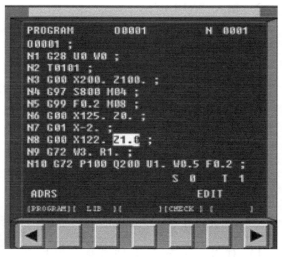

图 5-10 替换字

(6)删除程序段

例如:删除如下程序段:

O0100;

N1 G50 S3000;

…

1)将光标移至要删除的程序段的第一个字"N1"处。

2)按 EOB 键。

3)按 DELETE 键,即删除了整个程序段。

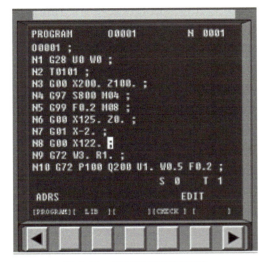

图 5-11 要删除的字　　　　　　　图 5-12 字删除后光标后移

（7）插入字

例如：在程序段"G01 Z20.0;"中插入"X 10.0"，将其改为"G01 X10.0 Z20.0;"。

1）将光标移动至要插入位置的前一个字的位置（G01）处。

2）输入"X10.0"。

3）按 INSERT 键，插入完成。

（8）删除程序

例如：删除程序号为 O0100 的程序。

1）将"方式选择"旋钮旋转至"编辑"状态。

2）按 PROG 键选择显示程序界面。

3）输入要删除的程序号"O0100"。

4）按 DELETE 键删除程序 O0100。

5.2.6 刀具参数设置

图 5-13 所示为 1 号刀刀具参数设置界面。刀具参数设置步骤如下：

1）对 X 轴：先车工件端面，然后按 键，再按"形状"软键，显示刀具补正/几何参数界面，在番号 G001 中输入"Z0"，按"测量"软键，则 Z 坐标方向设置好。

2）对 Z 轴：试切外圆一刀，沿 Z 轴方向退刀，停主轴，测量工件直径（假设测量值为 42.36mm），然后按 键，再按"形状"软键，显示刀具补正/几何参数界面，在番号 G001 中输入"X42.36"，按"测量"软键，则 X 坐标方向设置好。

对刀操作

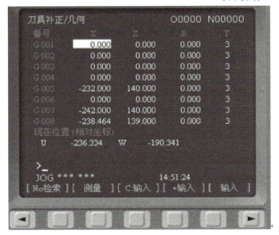

图 5-13 1 号刀具参数设置界面

如果有多把刀需要对刀，则其余刀具以同样的方法，分别碰外圆面和端面，设置同样的数据并测量即可。

5.2.7 自动加工

数控机床在启动、程序编辑、刀具安装、工件安装找正、对刀等一系列操作后，便可进入自动加工状态，对工件完成最终的实际切削加工。循环运行启动时，还可以利用机床的相关功能，对加工程序、数据设置等进行全面的检查校验，以确保自动加工时工件的加工质量和机床的安全运行。

1. 自动运行的启动

（1）将"方式选择"旋钮旋转至"自动"状态。
（2）按 PROG 键，输入要运行的程序号，按光标移动键打开程序。
（3）按 RESET 键，将程序复位，光标指向程序的开始。
（4）按"程序启动"键，程序自动循环运行。自动加工前的界面如图 5-14 所示。

2. 自动加工

在自动运行状态下按"功能选择"中不同的方式的键，可以选择进入不同的控制状态。

（1）跳步

自动加工时，系统可跳过某些指定的程序段，称为跳步。

在自动运行过程中，按"跳步"键，使跳步功能有效，机床将在运行中跳过带有跳步符号（/）的程序段向下执行程序。

例如，在某程序段首加上"／"，且操作面板上的"跳步"键被按下，则在自动加工时，图 5-15 所示的 N4、N5 两程序段会被跳过不执行；而当释放"跳步"键后，"／"不起作用，该段程序正常执行。

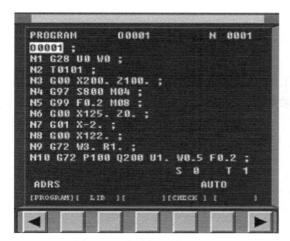

图 5-14 自动加工前的界面

图 5-15 跳步

（2）单步运行

在自动加工试切时，出于安全考虑，可选择单步执行加工程序的功能。

在自动运行中，按"单步"键，使单步运行有效，机床在执行完一个程序段后即停止，每按一次"程序启动"键，仅执行一个程序段的动作，这可使加工程序逐段执行。

（3）空运行

自动加工启动前，先不将工件或刀具装上机床，而是进行机床空运转，以检查程序的正确性。

按"空运行"键，使空运行有效，此时按"程序启动"键，机床忽略程序指定的进给速度，空运转时的进给速度与程序无关，而是执行系统设定的快速运行程序。

此操作常与机床锁定功能一起用于程序的校验，而不能用于加工工件。

（4）MST 锁定

在自动执行程序时，若按下"MST 锁定"键，可以锁定程序中的 M、S、T 指令，即程序中的 M、S、T 指令将不能执行任何动作。

（5）机床锁定

在自动执行程序时，若按下"机床锁定"键，可以锁定所有进给轴，只能运行程序，但机床不会有任何进给动作。

通常，可以在空运行状态，将"MST 锁定"和"机床锁定"功能设置成有效，在图形轨迹显示面板上检查运行轨迹，以校验程序的正确性。

（6）图形轨迹显示

有图形模拟加工功能的数控机床，在自动加工前，为避免程序错误、刀具碰撞工件或卡盘，可对整个加工过程进行图形模拟加工，检查刀具轨迹是否正确。

在自动运行过程中，按下 GRAPH 键可以进入程序轨迹图形模拟状态，在显示屏上显示程序运行轨迹，以便对所使用的程序进行检验。图 5-16 所示为图形轨迹。

3. 自动运行的停止

在自动运行过程中，除程序中的暂停（M00）、结束（M02、M30）等指令可以使自动运行停止外，操作者还可以使用操作面板上的"进给保持"按键、"急停"旋钮，以及编辑面板上的复位键等来中断或停止机床的自动加工。

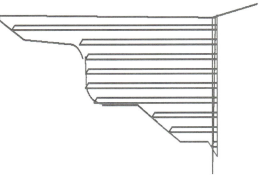

图 5-16　图形轨迹

第 6 章　外圆车削工艺及编程

教学目标

【知识目标】
1. 熟悉车削加工的工艺特点及应用范围。
2. 了解车床的类型及组成，并能熟练操作车床。
3. 熟悉车刀类型，正确使用车床夹具与安装方法。
4. 掌握外圆车削加工工艺。
5. 熟悉单一固定循环指令 G90 编程和相应的编程计算。
6. 掌握复合循环指令 G71、G70 编程。
7. 熟悉 G73 编程和相应的编程计算。

【能力目标】
1. 能够熟练操作车床加工零件。
2. 合理选择车刀类型并能够正确安装车刀。
3. 能够正确使用车床夹具。
4. 能够正确制定外圆面车削加工工艺过程。

【素质目标】
1. 培养学生的知识应用能力、学习能力和动手能力。
2. 培养学生团队协作能力、成员协调能力和决策能力。
3. 培养学生强烈的责任感和良好的工作习惯。

6.1　外圆车削工艺

任务导入

车削加工如图 6-1 所示的阶梯轴零件外圆面。

6.1.1　任务分析

本任务中，阶梯轴零件表面主要是具有回转特性的外圆面，而车削加工是外圆面最经济有效的加工方法。就精度来说，车削加工一般适合外圆柱面的粗加工和半精加工方法。

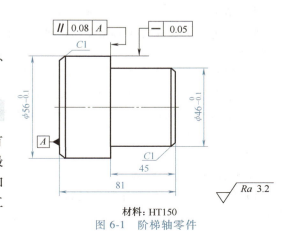

材料：HT150
图 6-1　阶梯轴零件

为完成此项任务,需掌握的知识有车削加工特点及应用、车削加工装备、外圆柱面车削加工工艺。

6.1.2 制定零件加工工艺过程

1. 车削加工工艺分析

车削阶梯轴时,不仅要车削组成阶梯的外圆柱面,还要车削环形的端面,它是外圆柱面车削和平面车削的组合。因此,车削阶梯轴时既要保证外圆柱面的尺寸精度和阶梯面的长度,还要保证台阶平面与工件轴线的垂直度。车削阶梯轴工件,一般分为粗车和精车,通常选用90°外圆车刀,车刀的装夹应根据粗车、精车和余量的多少来调整。

2. 车刀的装夹

1)粗车时,余量多,为了增大切削深度和减小刀尖的压力,车刀装夹时实际主偏角以小于90°为宜(一般 κ_r 取85°~90°),如图6-2所示。

2)精车时为了保证阶梯平面与工件轴线的垂直度,车刀装夹时实际主偏角应大于90°(一般为93°左右),如图6-3所示。

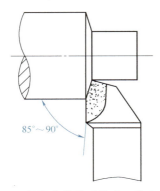
图6-2 粗车阶梯轴时的车刀装夹位置

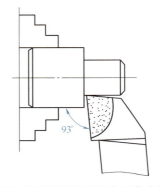
图6-3 精车阶梯轴时的车刀装夹位置

3. 车削步骤

1)用自定心卡盘夹住工件,留出外圆柱面长120mm左右,校正并夹紧。

2)粗车端面、外圆(ϕ56.5mm)。

3)粗车外圆柱面(ϕ46.5mm),长度为45mm。

4)精车端面、外圆柱面($\phi46_{-0.1}^{0}$mm,长度为45mm,倒角为C1,表面粗糙度 Ra 为3.2μm)。

5)调头,垫铜皮夹住 $\phi46_{-0.1}^{0}$mm 的外圆柱面,校正卡爪处外圆柱面和阶梯面(反向),夹紧工件。

6)粗车端面(总长82mm)、外圆柱面(ϕ56.5mm)。

7)精车端面,保证总长为81mm,保证平行度误差在0.08mm以内。

8)精车外圆柱面($\phi56_{-0.1}^{0}$mm),直线度误差不大于0.05mm,表面粗糙度 Ra 为3.2μm。

9)加工倒角C1。

10)检查质量后取下工件。

4. 阶梯轴工件的检测

1)阶梯长度尺寸可用钢直尺进行测量,如图6-4所示;或用游标卡尺进行测量,如图6-5所示。

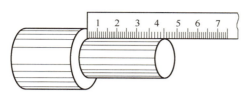

图 6-4 用钢直尺测量阶梯长度

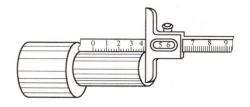

图 6-5 用游标卡尺测量阶梯长度

2) 直线度的误差可用刀口形直尺和塞尺测量。

3) 端面、阶梯平面对工件轴线的垂直度误差可用直角尺测量,如图 6-6 所示,或用标准套和指示表测量,如图 6-7 所示。

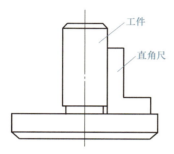

图 6-6 用直角尺测量垂直度

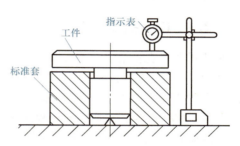

图 6-7 用标准套和指示表测量垂直度

6.1.3 实训

按照如图 6-8 所示阶梯轴的要求进行实训,阶梯轴加工尺寸见表 6-1。

图 6-8 阶梯轴

表 6-1 阶梯轴加工尺寸 （单位：mm）

D	D_1	L	L_1
$\phi 43_{-0.08}^{0}$	$\phi 39_{-0.08}^{0}$	$30_{-0.05}^{0}$	$15_{-0.15}^{0}$
$\phi 41_{-0.05}^{0}$	$\phi 37_{-0.05}^{0}$	$31_{-0.15}^{0}$	$16_{-0.15}^{0}$
$\phi 39_{-0.05}^{0}$	$\phi 35_{-0.05}^{0}$	$32_{-0.10}^{0}$	$17_{-0.10}^{0}$

1. 工艺装备

1) 刀具：硬质合金 90°车刀和硬质合金 45°车刀各一把。

2) 设备：CA6140 车床。

3）量具：测量范围为 0~150mm 的游标卡尺和测量范围为 25~50mm 的千分尺。

2. 操作步骤

1）用自定心卡盘夹住工件，外圆伸出长度为 45mm。

2）粗车外圆（$D+0.5$mm/长度 L，$D_1+0.5$mm/长度 L_1）。

3）精车外圆至尺寸要求，然后倒角。

6.2 内（外）径简单切削循环指令 G90

 任务导入

用 G90 指令车削如图 6-9 所示的阶梯轴。

6.2.1 G90 指令作用

在外圆和内孔的粗加工中，每车削一刀外圆都必须经过进刀—车削—退刀—返回这四个步骤，若在一个工件加工中要粗车多刀外圆，则每车一刀，都必有以上四个指令段，G90 指令具有把这四个程序段合并成一个指令来完成的循环功能。该指令有外圆车削循环功能和圆锥车削循环功能。

6.2.2 G90 指令说明

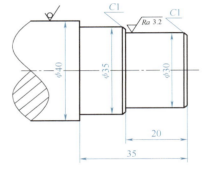

图 6-9 用 G90 指令车削阶梯轴

1. G90 圆柱面切削循环（见图 6-10）

格式：G90 X(U)_ Z(W)_ F_；

说明：在绝对编程时，X、Z 表示终点在工件坐标系中的坐标；在增量编程时，U、W 表示终点相对于起点的位移量；F 表示进给速度。

例：A 点为终点坐标，程序段：G90 X35 Z-40 F100；

车刀运行的轨迹为：先快速移动至 X35 坐标点，其次以切削速度到达 Z-40 坐标点（车外圆），然后以切削速度垂直退刀至 X37 坐标点，再快速移动返回到执行 G90 指令时的起刀点，即回到 Z2 坐标点。

2. G90 指令圆锥面车削循环（见图 6-11）

格式：G90 X(U)_ Z(W)_ R_ F_；

说明：R 为锥体大小端的半径差（见图 6-11 中 r）。用增量值表示时，R 的正负取决于刀具起于锥端面的位置，当刀具起于锥端大头时，R 为正值；当刀具起于锥端小头时，R 为负值，即起点坐标大于终点坐标时，R 为正值，反之为负值。

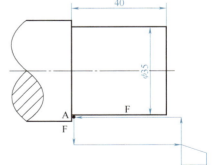

图 6-10 G90 指令圆柱面车削路线图

例：用 G90 指令加工如图 6-12 所示零件，程序如下：

```
G90 X40 Z20 R-5 F30;
X30;
X20;
```

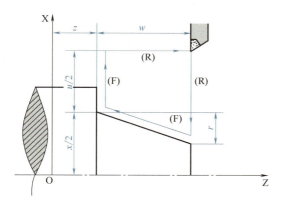
图 6-11　G90 指令圆锥面车削路线图

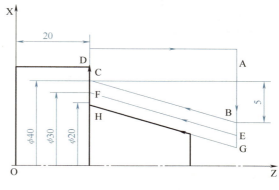
图 6-12　零件车削实例

6.2.3　G90 指令特点

1) 单个指令即可运行四个步骤。

2) 都是先快速到达 X 坐标位置,其次以切削速度进给到 Z 坐标位置,然后以切削速度回到 X 坐标起刀点,最后快速运行到指令的起刀点。

3) 指令中的 X、Z 坐标值都是起刀点的对角点,即以起刀点和坐标点为对角点所形成的矩形就是车刀的运行轨迹图。

4) 该指令执行完成后,车刀都会回到指令的起始位置。

5) 若指令中的 X、Z 坐标值比起刀点大,则运行方向就与如图 6-12 所示的运行轨迹相反。

6) 若指令中的 X 轴方向无增量变化,则运行轨迹为在完成 Z 轴方向车外圆的切削进给后再快速返回。

7) 在下一个程序段中,若无移动指令 G00、G01 等,则会进行同前一样的固定循环。

6.2.4　程序编写

程序编写的步骤如下:

1) 设定编程原点,给工件建立坐标系。一般编程原点设在工件右端面的轴线上或加工截止线的轴线上。

2) 根据图样分析加工工艺,确定加工轮廓。

3) 制定加工方案,确定走刀路线。原则为先粗后精,以最少的程序段、最短的走刀路线及最少的换刀次数完成工件的加工。

4) 工序及切削用量的合理安排、选择。

6.2.5　实训

按如图 6-9 所示要求进行实训,数控车床程序卡见表 6-2。

表 6-2 数控车床程序卡

数控车床程序卡	编程原点		工件右端面与轴线交点		编写日期	
	零件名称	阶梯轴	零件图号	图 6-9	材料	45 钢
	车床型号	CJK6240	夹具名称	自定心卡盘	实训车间	数控中心
程序号	O8002			编程系统	FANUC 0-TD	
序号	程序			说明		
N010	G50 X100 Z100;			建立工件坐标系		
N020	M03 S600 T0101;			主轴正转,选择 1 号外圆粗车刀		
N030	G98;			进给速度单位设为 mm/min		
N040	G00 X45 Z2;			快速定位至 $\phi45$,距端面正向 2mm		
N050	G94 X-1 Z0 F100;			切端面		
N060	G90 X35.5 Z-35;			进给加工至(X35.5,Z-35)的位置		
N070	X30.5 Z-20;			进给加工至(X30.5,Z-20)的位置		
N080	G00 X100 Z50;			加工端面		
N090	M03 S600 T0202;			换精车刀		
N100	G00 X28 Z1;			精加工 C1 倒角起刀点		
N110	G01 Z0 F60;			从起刀点到工件表面		
N120	X30 Z-1;			精车 C1 倒角		
N130	Z-20;			进给加工至(X30,Z-20)的位置		
N140	X33;			精车第二个台阶倒角起刀点		
N150	X35 W-1;			精车第二个台阶 C1 倒角		
N160	Z-35;			进给加工至(X35.5,Z-35)的位置		
N170	X42;			X 向退刀至 $\phi42$		
N180	G00 X100 Z100;			回换刀点		
N190	M30;			程序结束		

6.3 内(外)径粗车、精车复合循环指令 G71 和 G70

任务导入

加工如图 6-13 所示零件,其毛坯为棒料。工艺设计为:粗加工时背吃刀量为 2mm,进给速度为 0.3mm/r,主轴转速为 500r/min;精加工余量为 0.2mm(直径量),Z 轴方向 0.2mm,进给速度为 0.15mm/r,主轴转速为 800r/min。

6.3.1 内(外)径粗车复合循环指令 G71

指令 G71 只需指定粗加工背吃刀量、精加工余量和精加工路线,系统便可自动给出粗加

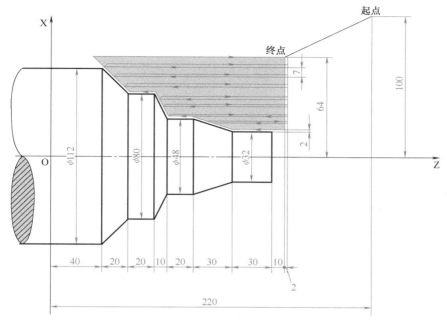

零件加工实训

图 6-13　零件示例图

工路线和加工次数，完成各外圆表面的粗加工，如图 6-14 所示，该指令指定最终切削路线从起始点经 A 到 B。该命令以余量 U(Δd) 为切削深度，以 R(e) 为退刀量车削指定的区域，留精加工预留量 U(Δu) 及 W(Δw)，在完成该切削进程后刀具返回循环起点。

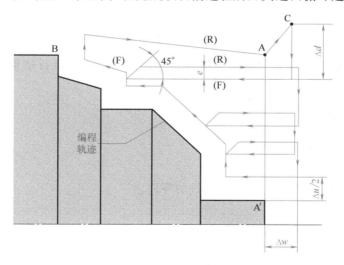

G71 指令

图 6-14　G71 指令走刀路线图

1. 格式及说明

G71　UΔd　Re　;
G71　Pns　Qnf　UΔu　WΔw　F_　S_　T_ ;
Nns ;
…

N*nf*；

说明：

R(*e*)：回刀时的径向退刀量（由参数设定）。

U(Δ*d*)：每次切削深度（沿 AA′方向，半径给定）。

P(*ns*)：精加工程序第一程序段顺序号。

Q(*nf*)：精加工程序最后程序段顺序号。

U(Δ*u*)：径向（X 轴方向）的精车余量。

W(Δ*w*)：轴向（Z 轴方向）的精车余量。

2. G71 指令运行特点

1）指令运行前刀具先到达循环起点，一般设在比毛坯尺寸大 1~2mm 处。

2）指令运行中刀具依据给定的 Δ*d*、*e* 按矩形轨迹循环分层切削。

3）最后一次切削沿粗车轮廓连续走刀，留有精车余量 U(Δ*u*)、W(Δ*w*)。

4）指令运行结束，刀具自动返回循环起点。

6.3.2 内（外）径精车复合循环指令 G70

指令 G70 用于切除 G71 指令粗加工后留下的余量，完成精加工。

1. 格式及说明

G70 P*ns* Q*nf* 。

说明：

ns、*nf* 的含义与 G71 指令相同，并且数值应一致。

应与粗加工 G71 指令配合使用。

在 G70 指令状态下，*ns*~*nf* 程序段中指定的 F、S、T 指令有效。

2. G70 指令运行特点

刀具按 *ns*~*nf* 程序段指定的精车路线进行一次连续切削，运行结束后，刀具返回循环起点。

6.3.3 程序编写

1. G71、G70 指令的编程方法

（1）适用条件

适用于棒料毛坯且形状尺寸具有单调性的零件。

（2）编程要点

1）G71 指令前应先定义循环起点（G00 X _ Z _ ;），通常，X 取比毛坯直径大 1~2mm，Z 取 1~2mm）。

2）G71 指令格式两段参数要正确合理（两段参数地址码分别是 U、R 和 P、Q、U、W）。

3）G71 指令后紧跟精加工路线（根据零件图编写精车路线，首末两段要标记）。

4）G70 指令跟在精车路线之后（注意精车时 F、S、T 指令的变化）。

2. G71、G70 指令的应用场合

（1）适合用 G71 指令编程的零件

图 6-15 所示零件属于棒料毛坯且形状尺寸单向递增，适合用 G71 指令编程。

（2）不适合用 G71 指令编程的零件

图 6-16 所示零件的轮廓形状凹凸变化，不适合用 G71 指令。

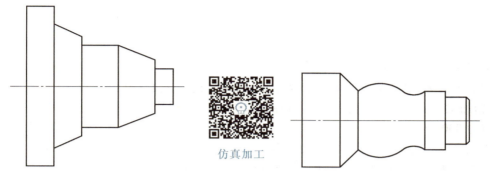

图 6-15 适合用 G71 指令编程的零件图例　　图 6-16 不适合用 G71 指令编程的零件图例

3. 数控车床程序卡

加工如图 6-13 所示零件的数控车床程序卡见表 6-3。

表 6-3　数控车床程序卡

数控车床程序卡	编程原点	工件右端面与轴线交点		编写日期	
	零件名称	阶梯轴	零件图号	图 6-13	材料	45 钢
	车床型号	CJK6240	夹具名称	自定心卡盘	实训车间	数控中心
程序号	O0053			编程系统	FANUC 0-TD	
序号	程序			简要说明		
N010	G50 X200 Z220;			建立工件坐标系		
N020	M03 S500 T0101;			主轴正转,选择 1 号外圆刀		
N030	G99;			进给速度单位设为 mm/r		
N040	G00 X128 Z182;			粗车循环起点		
N050	G71 U2. R2;			调用粗车循环,每次背吃刀量 2mm,留精加工余量单边 0.2mm		
N060	G71 P70　Q130　U0.2 W0.2 F0.3;					
N070	G00　X32 S800;(ns)			精车循环起点		
N080	G01 Z140 F0.15;			进给加工至(X32,Z140)的位置		
N090	X48 Z110;			进给加工至(X48,Z110)的位置		
N100	Z90;			进给加工至(X48,Z90)的位置		
N110	X80 Z80;			进给加工至(X80,Z80)的位置		
N120	Z60;			进给加工至(X80,Z60)的位置		
N130	X112 Z40;(nf)			进给加工至(X112,Z40)的位置		
N140	G70 P70 Q130;			精车循环		
N150	G00 X200 Z220;			回换刀点		
N160	M30;			程序结束		

6.4 固定形状粗车循环指令 G73

任务导入

加工如图 6-17 所示零件，其毛坯为棒料。工艺设计为：粗加工分三刀进行，第一刀留给后两刀加工的 X、Z 方向上的单边余量均为 14 mm，进给速度为 0.3mm/r，主轴转速为 500r/min；精加工余量在 X 方向为 4mm（直径量），在 Z 方向为 2mm，进给速度为 0.15mm/r，主轴转速为 800r/min。

为完成此项任务，需掌握封闭切削循环指令。封闭切削循环是一种复合固定循环，加工过程走刀路线如图 6-18 所示。封闭切削循环适用于对铸造、锻压毛坯的切削，对零件轮廓的单调性则没有要求。

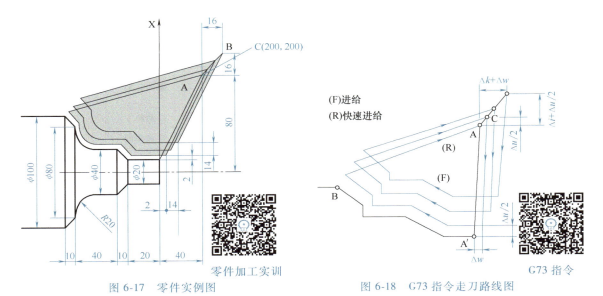

图 6-17 零件实例图　　　　　　　图 6-18 G73 指令走刀路线图

6.4.1　G73 指令说明

1. 程序段格式

G73　UΔi　WΔk　Rd ;
G73　Pns　Qnf　UΔu　WΔw　F_　S_　T_ ;

2. 说明

1) 地址符中除 U(Δi)、W(Δk)、R(d) 之外，其余与 G71 指令的含义相同。

U(Δi)：X 轴方向的退出距离和方向，即粗车时的径向加工余量（半径值）。

W(Δk)：Z 轴方向的退出距离和方向，即粗车时的轴向加工余量。

R(d)：粗车循环次数。

2) 当 U(Δi) 和 W(Δk) 或 U(Δu) 和 W(Δw) 值分别由地址符 U 和 W 规定时，它们的意义由 G73 指令中的地址符 P 和 Q 决定。当 P 和 Q 没有指定在同一个程序段中时，U 和 W 分别表示 Δi 和 Δk，当 P 和 Q 指定在同一个程序段中时，U 和 W 分别表示 Δu 和 Δw。

3) 有 P 和 Q 的 G73 指令执行循环加工，不同的进刀方式 U(Δu)、W(Δw)、U(Δi) 和 W(Δk) 的符号不同，应予以注意，加工循环结束时，刀具返回到 A 点。

3. G73 指令运行特点

1) G73 指令可循环执行，可以按同一轨迹（仿形）重复切削，每次切削时刀具向前移动一次。

2) G73 指令可用于加工 X 方向尺寸不是逐渐增大或减小的零件，即中间有内凹或外凸的零件。

3) G71 指令只能用于加工轮廓尺寸单调递增的零件，能用 G71 指令加工的零件，用 G73 指令也能加工。

6.4.2 程序编写

1. 数控车床编程的步骤

（1）分析零件图样

根据零件图样，分析零件的形状、尺寸、精度要求、毛坯形式、材料与热处理技术要求，选择合适的数控设备。

（2）确定工艺过程

通过对零件图样的全面分析，拟定零件的加工方案，充分发挥数控机床的功能，提高数控机床使用的合理性与经济性。确定工件的装夹方式，减少工件的定位和夹紧时间，缩短生产准备周期。选择合理的加工顺序和走刀路线，保证零件的加工精度和加工过程的合理性，避免发生刀具与非加工表面的干涉。合理选择刀具及其切削参数，充分发挥机床及刀具的加工能力，减少换刀次数，缩短走刀路线，提高生产效率。

（3）图形的数学处理

根据零件的轮廓尺寸、工艺路线及设定的工件坐标系，计算零件粗、精加工的运动轨迹。对于形状比较简单的零件（如直线和圆弧构成的零件），要计算出各几何元素的起点、终点、圆心、交点和切点的坐标值。对于形状比较复杂的零件（如非圆曲线、曲面构成的零件），需要用直线段或圆弧段逼近，根据要求的精度计算出节点坐标值，这种情况一般要用计算机来完成数值计算的工作。

（4）编写程序单及程序的输入

根据计算出的刀具运动轨迹坐标值、已确定的工艺参数及辅助动作，按照数控系统指定的功能指令代码和程序段格式，逐段编写零件加工程序单。将编写好的程序单记录在存储介质上，通过手工输入或通信传输的方式输入到机床的数控系统。

（5）程序校验与首件试切

程序必须经校验和首件试切才能正式使用。利用数控机床的空运行功能，观察刀具的运动轨迹和坐标显示值的变化，检验数控程序。

2. 填写数控车床程序卡

将程序填入数控车床程序卡，见表 6-4。

表 6-4 数控车床程序卡

数控车床 程序卡	编程原点		工件右端面与轴线交点		编写日期	
	零件名称	阶梯轴	零件图号	图 6-17	材料	45 钢
	车床型号	CJK6240	夹具名称	自定心卡盘	实训车间	数控中心
程序号	O0054			编程系统	FANUC 0-TD	
序号	程序			简要说明		
N010	G50 X200 Z200;			建立工件坐标系		
N020	M03 S500 T0101;			主轴正转,选择 1 号外圆刀		
N030	G99;			进给速度单位设为 mm/r		
N040	G00 X160 Z40;			粗车循环起点		
N050	G73 U14 W14 R3;			调用粗车循环,径向吃刀量 14mm,留精加工余量单边 2mm		
N060	G73 P70 Q130 U2 W2 F0.3;					
N070	G00 X20 Z0;(ns)			精车循环起点		
N080	G01 Z-20. F0.15 S800;			进给加工至(X20,Z-20)的位置		
N090	X40 Z-30;			进给加工至(X40,Z-30)的位置		
N100	Z-50;			进给加工至(X40,Z-50)的位置		
N110	G02 X80 Z-70 R20;			进给加工至(X80,Z-70)的位置		
N130	G01 X100 Z-80;(nf)			进给加工至(X100,Z-80)的位置		
N140	G70 P70 Q130;			精车循环		
N150	G00 X200 Z200;			回换刀点		
N160	M30;			程序结束		

6.5 典型外圆车削编程及仿真加工

任务导入

图 6-19 所示为阶梯轴,它以棒料为毛坯。

典型零件的加工

6.5.1 程序编写

1. 简单的工艺分析

(1) 车端面

先用外圆车刀车 φ30mm 毛坯的右端面,建立工件坐标系。

(2) 粗车外圆及圆弧

粗车时主轴转速 S 设定为 800r/min,进给速度 F 设定为 100mm/min,背吃刀量设定为 2mm。

(3) 精车外圆及圆弧

精车时主轴转速 S 设定为 1000r/min,进给

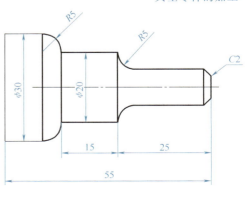

图 6-19 阶梯轴

速度 F 设定为 80mm/min，背吃刀量设定为 0.8mm。

（4）切断

切断时，径向要留余量，余量的大小根据工件的质量大小来取值，既不能让工件掉落到切屑托盘上，又要确保用手能取下工件。工件上留的毛刺最后要进行处理。

2. 数控车床程序卡

将程序填入数控车床程序卡，见表 6-5。

表 6-5　数控车床程序卡

数控车床程序卡	编程原点		工件右端面与轴线交点		编写日期	
	零件名称	阶梯轴	零件图号	图 6-19	材料	45 钢
	车床型号	CJK6240	夹具名称	自定心卡盘	实训车间	数控中心
程序号	O1234			编程系统	FANUC 0-TD	
序号	程序			简要说明		
N010	M03 S500;			主轴正转		
N020	T0101;			选择 1 号外圆刀		
N030	G98;			进给速度单位设为 mm/min		
N040	G00 X32 Z2 M08;			粗车循环起点		
N050	G71 U1 R1;			调用粗车循环，每次背吃刀量 1mm，留精加工余量单边 0.1mm		
N060	G71 P70 Q130 U0.1 W0.1 F150;					
N070	G00 X6;(ns)			精车循环起点		
N080	G01 Z10 Z-2 F100;			进给加工至(X6,Z-2)的位置		
N090	Z-20;			进给加工至(X6,Z-20)的位置		
N100	G02 X20 Z-25 R5;			进给加工至(X20,Z-25)的位置		
N110	G01 Z-35;			进给加工至(X20,Z-35)的位置		
N120	G03 X30 Z-40 R5;			进给加工至(X30,Z-40)的位置		
N130	G01 Z-55;(nf)			进给加工至(X30,Z-55)的位置		
N140	G70 P70 Q130;			精车循环		
N150	G00 X200 Z220 M09;			回换刀点		
N160	M30;			程序结束		

6.5.2　仿真加工

1）打开数控仿真系统。呈现的开机界面如图 6-20 所示，包括机床本体、操作面板、控制面板等内容。

2）松开"急停"按钮，进入编辑状态，将试验研究用的图样程序编写完整并输入系统。输入程序后，编辑界面如图 6-21 所示。

3）装入工件并选择所需刀具，装入后机床的界面状态如图 6-22 所示。

4）试切对刀。工件和刀具装夹好以后要在手动状态下让主轴转动，然后移动刀具对工件进行试切。试切对刀界面如图 6-23 所示。

图 6-20 数控仿真系统开机界面

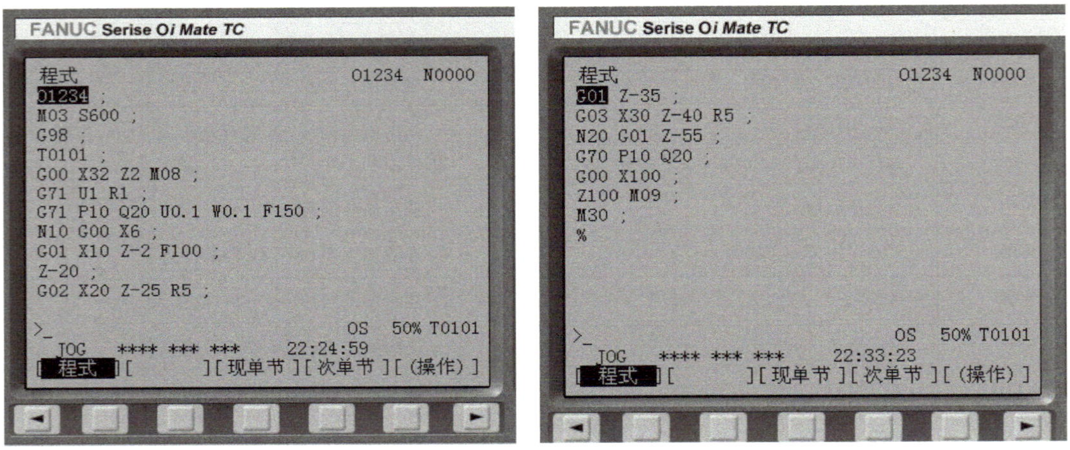

图 6-21 编辑界面

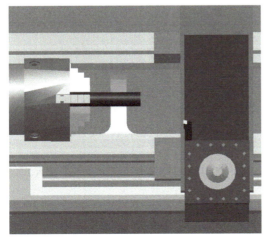

图 6-22 装入工件和刀具后的界面

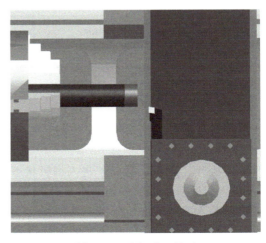

图 6-23 试切对刀界面

5）对试切过的工件端面进行测量。选择菜单栏中的"工具"→"测量",然后进入"测量工件"对话框,如图 6-24 所示。

6）将测得的 X 和 Z 的值输入到指定位置并单击"测量"软键,至此对刀工作就完成了。输入 X、Z 数值后的结果如图 6-25 所示。

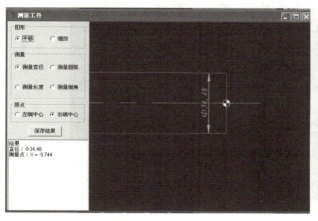

图 6-24 "测量工件"对话框

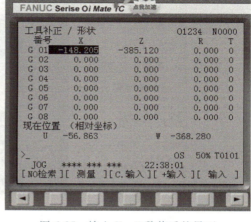

图 6-25 输入 X、Z 数值后的界面

7）选择自动加工功能,按"自动方式"按钮对工件进行加工。加工中的界面如图 6-26 所示。工件加工过程中既有声音又有动态画面显示,非常逼真,给人一种身临其境的感觉。

图 6-27 是加工完成界面,可以大致看出加工后的工件与所给图样是否相符。

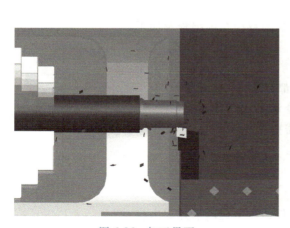

图 6-26 加工界面

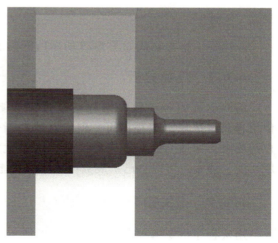

图 6-27 加工完成界面

8）加工后的测量。

"测量工件"对话框如图 6-28 所示,通过对加工后的工件测量可发现程序的错误或不足之处,对程序进行修改。

通过对工件加工程序的测试,会发现很多问题,比如,刀具在粗车和精车中的走刀速度快慢、加工的图形是否正确等,把发现的问题纠正以后再进行对刀车削,直至程序没有问题为止。再把修改好的加工程序输入数控机床的数控系统中,按照模拟对刀的步骤进行对刀之后就可以进行实际加工了。

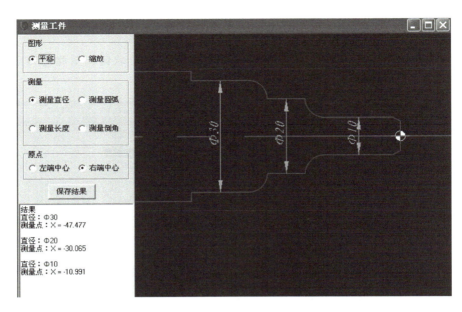

图 6-28 "测量工件"对话框

6.6 宏程序的应用

任务导入

采用手工编程完成如图 6-29 所示的椭圆手柄的数控车削编程及加工。

6.6.1 任务分析

前面学过的各种数控编程指令，其功能都是固定的，使用者只需按规定编程即可。但有时这些指令满足不了用户的要求，如加工椭圆、双曲线等，这时就需要使用宏程序功能，即用户可以自己扩展数控系统的功能。

图 6-29 椭圆手柄

6.6.2 相关知识学习

用宏程序指令编程来加工如图 6-29 所示工件，需掌握以下知识内容。

宏程序是利用变量编程的方法，即用户利用数控系统提供的变量、数学运算、逻辑判断、程序循环等功能，来实现一些特殊型面的编程。

宏程序通常把能完成某一功能的一系列指令像子程序一样存入存储器，然后用一个总指令代表它们，使用时只需调用这个总指令就能执行该功能。宏程序的主体是一系列指令，相当于子程序体，既可以由车床生产厂家提供，也可以由车床用户自己编制。

宏程序的最大特点是可以对变量进行运算，使程序应用更加灵活、方便。子程序对编制相同加工操作的程序非常有用，宏程序由于允许使用变量算术、逻辑运算及条件转移，使得编制相同加工操作的程序更方便、更简单，故可将相同加工操作编为通用程序。

宏程序可使用的变量算术、逻辑运算及条件转移如下。

1. 数学运算功能

加法：$\#i = \#j + \#k$

减法：$\#i = \#j - \#k$

乘法：$\#i = \#j * \#k$

除法：$\#i = \#j / \#k$

2. 函数运算功能

正弦：$\#i = SIN[\#j]$（单位：°）

余弦：$\#i = COS[\#j]$（单位：°）

正切：$\#i = TAN[\#j]$（单位：°）

反正切：$\#i = ATAN[\#j] / [\#k]$（单位：°）

平方根：$\#i = SQRT[\#j]$

绝对值：$\#i = ABS[\#j]$

取整：$\#i = ROUND[\#j]$

3. 逻辑判断功能

等于：$\#j$　EQ　$\#k$

不等于：$\#j$　NE　$\#k$

大于：$\#j$　GT　$\#k$

小于：$\#j$　LT　$\#k$

大于或等于：$\#j$　GE　$\#k$

小于或等于：$\#j$　LE　$\#k$

4. 宏程序编程模板（万能公式）

#2=Z1；(给自变量#2赋值Z1：Z1是公式曲线自身坐标系下起始点的坐标值)

WHILE#2GEZ2；(自变量#2的终止值Z2：Z2是公式曲线自身坐标系下终止点的坐标值)

#1=f(#2)；(函数变换：确定因变量#1(X)相对于自变量#2(Z)的宏表达式)

#11=±#1+ΔX；(计算工件坐标系下的X坐标值#11：编程中使用的是正轮廓，#1前加正号，反之加负号；ΔX为公式曲线自身坐标原点相对于编程原点在X轴的偏移量)

#22=±#2+ΔZ；(计算工件坐标系下的Z坐标值#22；ΔZ为公式曲线自身坐标原点相对于编程原点在Z轴的偏移量)

G01X[2*#11]　Z[#22]；(直线插补，X为直径编程)

#2=#2-ΔW；(自变量以步长ΔW变化)

ENDW；(循环结束)

5. 分析图样（图6-30）

分析如图6-30所示椭圆手柄尺寸图，得出椭圆方程为

$$\frac{x^2}{15^2} + \frac{z^2}{30^2} = 1$$

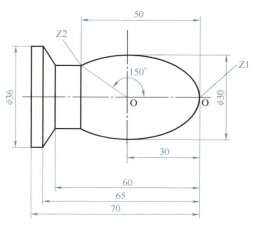

图6-30　椭圆手柄尺寸图

$$\frac{x^2}{15^2} = 1 - \frac{z^2}{30^2}$$

$$x^2 = 15^2 \left(1 - \frac{z^2}{30^2}\right)$$

$$x = 15\sqrt{1 - z^2/900}$$

$$x = \#1, z = \#2, \#1 = 15 * \mathrm{SQRT}[1 - \#2 * \#2/900]$$

6.6.3 实训

加工如图 6-31 所示的零件。工件材料为 45 钢或铝，毛坯为 φ30mm×100mm 的棒料。

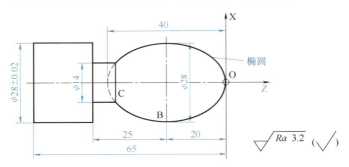

图 6-31 椭圆手柄

1. 数值计算

设定程序原点，以工件右端面与轴线的交点为程序原点建立工件坐标系。

计算各节点位置坐标值。C 点坐标为（X14，Z37.321），其余点略。

椭圆方程为

$$\frac{x^2}{14^2} + \frac{z^2}{20^2} = 1$$

2. 程序清单

数控车床程序卡见表 6-6。

表 6-6 数控车床程序卡

数控车床程序卡	编程原点	\\	工件右端面与轴线交点	\\	编写日期	
	零件名称	椭圆手柄	零件图号	图 6-31	材料	45
	车床型号	CJK6240	夹具名称	自定心卡盘	实训车间	数控中心
程序号		O0056		编程系统		FANUC 0-TD
序号	程序			简要说明		
N020	M03 S500 T0101；			主轴正转,选择 1 号外圆刀		
N030	G99；			进给速度单位设为 mm/r		
N040	G00 X32 Z2；			粗车循环起点		
N050	G71 U2 R2；			调用粗车循环，每次背吃刀量为 2mm,留精加工		
N060	G71 P60 Q120 U0.5 W0.2 F180；			余量单边 0.2mm		
N070	G00 X0 S800；(ns)			精车循环起点		
N080	G01 Z0 F80；			进给加工至(0,0)的位置		

(续)

序号	程序	简要说明
N090	#2=20;	椭圆长半轴赋值
N100	WHILE #2 GE[-17.321];	条件判断
N110	#1=14*SQRT[1-#2*#2/400];	椭圆标准方程
N120	#11=#1+0;	步数计算
N130	#22=#2-20;	条件判断
N140	G01 X[2*#11]Z[#22];	直线插补
N150	#22=#2-0.06;	步长变化
N160	ENDW;	循环结束
N170	Z-45;	进给加工至(14,45)的位置
N180	X28;	进给加工至(28,45)的位置
N190	Z-65;	进给加工至(28,65)的位置
N200	M03 S1000;	设定精车转速
N210	G70 P10 Q20;	精车循环
N220	G00 X100 Z100;	回换刀点
N230	M30;	程序结束

第 7 章　端面车削工艺及编程

教学目标

【知识目标】
1. 理解端面车削的特点，根据特点进行工艺设计。
2. 端面车削应认真分析切削区域，合理设计切削路线和切削用量。
3. 认真理解端面粗车复合循环指令 G72 的应用。

【能力目标】
1. 通过端面车削实践体会端面轮廓切削工艺、编程、加工操作的要点。
2. 认真体会端面加工质量控制的方法。

【素质目标】
1. 培养学生的知识应用能力、学习能力和动手能力。
2. 培养学生团队协作能力、成员协调能力和决策能力。
3. 培养学生强烈的责任感和良好的工作习惯。

7.1　端面车削工艺

任务导入

加工如图 7-1 所示轴类零件。

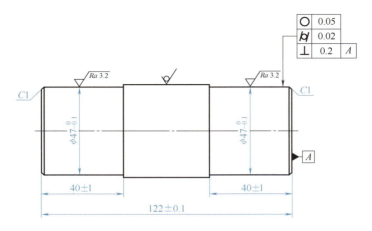

图 7-1　轴

7.1.1 工艺分析

端面是轴类零件组成的基本要素,要掌握轴类零件的加工,首先要掌握端面加工的知识。图 7-1 所示的轴正是由外圆与端面组成的,其加工工艺过程如下:

检查毛坯→拟定加工顺序→安装校正工件、选择安装刀具→车削端面与外圆

7.1.2 相关工艺知识

1. 外圆与端面的技术要求

1)尺寸精度分析:外圆尺寸为 $\phi47_{-0.10}^{0}$ mm,它的上极限偏差为 0mm,下极限偏差为 -0.1mm,公差为 0.1mm,长度尺寸为(40±1)mm、(122±0.1)mm,如图 7-1 所示。

2)几何精度分析:外圆有圆度、圆柱度要求。外圆的两素线与端面有垂直度要求。

3)表面粗糙度分析:零件各加工表面的表面粗糙度 $Ra = 3.2\mu m$,车削加工可以达到。

2. 车削外圆与端面的车刀

车削该轴可选用 90°、45°车刀。90°车刀可用于车削外圆,也可用于车削端面;45°车刀可用于车削端面与 C1 倒角。

3. 车刀安装的工艺要求

车削外圆车刀与车削端面车刀的安装要求和方法基本相同,车刀安装是否正确,将直接影响切削能否顺利进行和工件的加工质量。即使刃磨合理的车刀,如果安装得不正确,也会改变车刀工作时的实际角度。因此车刀安装后,必须保证做到:

1)车刀的伸出长度不宜过长,否则在切削过程中会减弱刀杆的刚性,容易产生振动,影响工件的表面粗糙度,严重时会损坏车刀。通常车削外圆时,在不影响切削和观察的情况下,尽量缩短车刀伸出刀架部分的长度,一般取刀杆厚度的 1.5 倍左右为宜。

2)车刀下面的垫片数量不宜过多,否则易使车刀在加工中产生振动。通常在保证车刀高度的情况下,尽量减少垫片数量,且垫片要平整,并应与刀架前端对齐,以防止车刀产生振动。

3)压紧车刀用的螺钉不可少于两个,否则在车削过程中易使车刀产生移动,而影响工件的加工,因此,为确保车刀装夹的可靠性,车刀至少要用两个螺钉压紧在刀架上,并逐个拧紧。

4)车刀的刀尖不宜高于或低于工件的回转中心,否则由于切削平面和基面的位置发生变化,使车刀工作时的前角 r_o 和后角 α_o 数值发生改变。若刀尖装得高于回转中心(见图 7-2a),会使后角减小,增大了车刀后面和工件加工表面之间的摩擦力,使工件表面产生硬化现象,并降低了表面质量;若刀尖装得低于工件回转中心(见图 7-2b),会使前角减小,切削力增大,导致切削不顺畅。在车削外圆时,刀尖一般应与工件轴线等高(见图 7-2c)。车削端面时,要特别严格保证车刀的刀尖对准工件的旋转中心,以防车削后的工件端面中心处留有凸头,甚至当车刀车到中心处时,刀尖会崩碎(见图 7-3)。

5)刀杆不能歪斜,否则会使车刀的主偏角和副偏角发生变化。其原因在于当车刀的角度一定时,若主偏角增大,则副偏角减小,加大刀具与工件已加工表面之间的摩擦力,这容易引起振动,使工件表面产生振纹;若主偏角减小,则副偏角增大,会影响工件的表面粗糙度,降低表面质量。同时由于主偏角减小,使得径向切削力增大,当工件刚性较差时,易产生弯曲变形。因此,安装车刀时应使刀杆中心线与主轴轴线垂直。

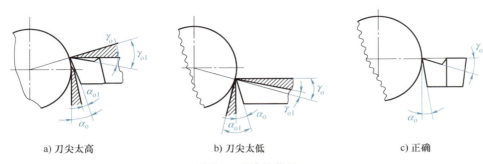

a) 刀尖太高　　　　b) 刀尖太低　　　　c) 正确

图 7-2　刀尖的位置

4. 端面车削的工艺要求

用右偏刀（90°）车削端面的工艺要求如下：

1) 切削深度不能过大。在通常情况下，是使用右偏刀的副切削刃对工件端面进行切削的（断屑槽沿主切削刃方向刃磨），这会导致切削

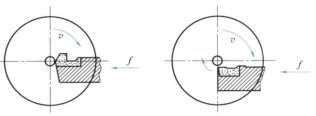

图 7-3　刀尖未对准工件的旋转中心

不顺畅，当切削深度过大时，向床头方向的切削力 f 会使车刀扎入端面而形成凹面。

2) 主偏角不能小于 90°，否则会使端面的平面度超差，或者在车削台阶端面时产生台阶端面与工件轴线不垂直的现象。通常在车削端面时，右偏刀的主偏角应为 90°~93°。

7.2　端面车削方法与编程

任务导入

加工如图 7-4 所示零件，用端面循环指令加工，其毛坯为棒料。工艺设计为：粗加工时背吃刀量为 2mm，进给速度为 0.2mm/r，主轴转速为 500r/min；精加工余量 X 向为 2mm（直径量），Z 向为 2mm，进给速度为 0.15mm/r，主轴转速为 800r/min。

7.2.1　端面粗车复合循环指令 G72

1. 指令格式

G72 WΔd Re；
G72 Pns Qnf UΔu WΔw F_ S_ T_ ；

其中：

Δd：每次切削深度，无正负号，切削方向取决于 AA′方向，该值是模态值。

e：退刀量，无正负号，该值为模态值。

ns：指定精加工路线的第一个程序段段号。

nf：指定精加工路线的最后一个程序段段号。

Δu：X 方向上的精加工余量。

Δw：Z 方向上的精加工余量。

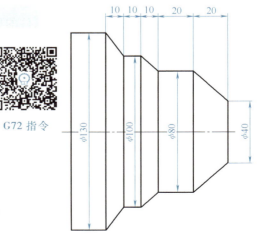

图 7-4　阶梯轴

F、S、T：精加工过程中的切削用量及使用刀具。

2. 指令循环路线的分析

G72 指令粗车循环的运动轨迹如图 7-5 所示，与 G71 指令的运动轨迹相似，不同之处在于 G72 指令是沿着 X 轴方向进行切削加工的。

3. 指令参数正负号的确定

G72 指令适合于 4 种切削模式，所有切削模式的路线都平行于 X 轴方向。图 7-6 所示给出了 4 种切削模式路线下 U 和 W 的符号判断。

4. 指令应用说明

1）使用 G72 指令的轮廓尺寸必须是单调递增或递减，且以 ns 开头的程序段必须以 G00 或 G01 方式沿着 Z 轴方向进刀，不能有 X 轴方向的运动指令。

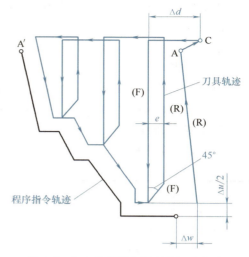

图 7-5 G72 指令粗车循环的运动轨迹

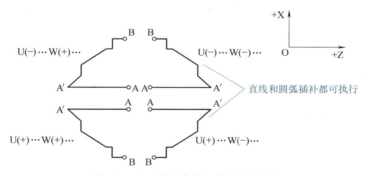

图 7-6 G72 指令参数正负号取值图

2）指令中的 F、S、T 值是指精加工中的 F、S、T 值，该值一经指定，在段号为"ns""nf"之间的程序段中的所有 F、S、T 值均无效；该值在指令中也可以不加以指定，这时就是沿用前面程序段中的 F、S、T 值，并可沿用至粗、精加工结束后的程序中。

3）循环起点的确定：G72 指令粗车循环起点的确定主要考虑毛坯的加工余量、进退刀路线等。一般选择在毛坯轮廓外 1~2mm、距离端面 1~2mm 处即可，不宜太远，以减少空行程，提高加工效率。

4）ns~nf 程序段中不能调用子程序。

5）G72 指令循环时可以进行刀具位置补偿但不能进行刀尖圆弧半径补偿。因此在 G72 指令前必须用 G40 指令取消原有的刀尖圆弧半径补偿。在 ns~nf 程序段中可以含有 G41、G42 指令，对工件精车轨迹进行刀尖圆弧半径补偿。

7.2.2 程序编写

1. 简单的工艺分析

（1）车端面

先用外圆车刀车 $\phi130$ 毛坯的右端面，建立工件坐标系。

（2）粗车外圆

粗车时主轴转速 S 设定为 500r/min，进给速度 F 设定为 0.2mm/r，背吃刀量设定为 2mm。

（3）精车外圆

精车时主轴转速 S 设定为 800r/min，进给速度 F 设定为 0.15mm/r，背吃刀量设定为 0.5mm。

（4）切断

切断时，径向要留余量，余量大小根据工件的质量大小来取值，不能让工件掉落到切屑托盘上，又要确保能手动取下工件。最后批量处理工件上留的毛刺。

2. 数控车床程序卡

填写数控车床程序卡，见表 7-1。

表 7-1 数控车床程序卡

数控车床程序卡	编程原点		工件右端面与轴线交点		编写日期	
	零件名称	阶梯轴	零件图号	图 7-4	材料	45 钢
	车床型号	CJK6240	夹具名称	自定心卡盘	实训车间	数控中心
程序号	O0062			编程系统	FANUC 0-TD	
序号	程序			简要说明		
N010	G50 X200 Z200;			建立工件坐标系		
N020	M03 S500 T0101;			主轴正转，选择 1 号外圆车刀		
N030	G99;			进给速度单位设为 mm/r		
N040	G00 X132.0 Z2.0;			粗车循环起点		
N050	G01 X-1.0 Z0.0 F0.1;			切端面		
N060	G72 W1.0 R0.5;			调用粗车循环，每次背吃刀量 1mm，留精加工余量单边 0.5mm		
N070	G72 P10 Q20 U0.0 W0.5 F0.2;					
N080	G01 Z-70. F0.15 S800;			进给加工至(X132,Z-70)的位置		
N090	X130.0;			退刀		
N100	X100.0 Z-60.0;			进给加工至(X100,Z-60)的位置		
N110	Z-50.0;			进给加工至(X100,Z-50)的位置		
N130	X80.0 Z-40.0;			进给加工至(X80,Z-40)的位置		
N140	Z-20.0;			进给加工至(X80,Z-20)的位置		
N150	X40.0 Z0.0;			进给加工至(X40,Z0)的位置		
N160	G00 Z2.0;			退回安全面		
N170	G70 P80 Q170;			精车循环		
N180	G00 X100.0 Z100.0;			回换刀点		
N190	M30;			程序结束		

7.3 典型端面车削编程及仿真加工

任务导入

已知粗车背吃刀量为 4mm，加工余量在 X 轴方向为 1.0mm，Z 轴方向为 2.0mm，试用端

面车削指令 G72 完成如图 7-7 所示阶梯轴的加工。

7.3.1 程序编写

1. 简单的工艺分析

（1）车端面

先用外圆车刀车 φ50 毛坯的右端面,建立工件坐标系。

（2）粗车外圆

粗车时主轴转速 S 设定为 500r/min,进给速度 F 设定为 80mm/min,背吃刀量设定为 2mm。

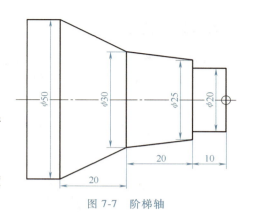

图 7-7　阶梯轴

（3）精车外圆

精车时主轴转速 S 设定为 1000r/min,进给速度 F 设定为 50mm/min,背吃刀量设定为 0.8mm。

（4）切断

切断时,径向要留余量,余量大小根据工件的质量大小来取值,不能让工件掉落到切屑托盘上,又要确保能手动取下工件。最后批量处理工件上留的毛刺。

2. 数控车床程序卡

填写数控车床程序卡,见表 7-2。

表 7-2　数控车床程序卡

数控车床程序卡	编程原点	工件右端面与轴线交点		编写日期	
	零件名称	阶梯轴	零件图号	图 7-7	材料	45 钢
	车床型号	CJK6240	夹具名称	自定心卡盘	实训车间	数控中心
程序号		O3333		编程系统	FANUC 0-TD	
序号	程序			简要说明		
N010	M03 S500;			主轴正转		
N020	T0101;			主轴正转,选择 1 号外圆车刀		
N030	G98;			计量单位设为 mm/min		
N040	G00 X52 Z2;			粗车循环起点		
N050	G72 W4 R2;			调用粗车循环,每次背吃刀量 4mm,单边留精加工余量 1mm		
N060	G72 P70 Q130 U1 W1 F80;					
N070	G00 Z-50 S1000;(ns)			精车循环起点		
N080	G01 X50 F50;			进给加工至(X50,Z-50)的位置		
N090	X30. Z-30;			进给加工至(X30,Z-30)的位置		
N100	X25 Z-10;			进给加工至(X25,Z-10)的位置		
N130	X20 Z2;(nf)			进给加工至(X20,Z2)的位置		
N140	G70 P70 Q130;			精车循环		
N150	G00 X200 Z220 M09;			回换刀点		
N160	M30;			程序结束		

7.3.2 仿真加工

利用仿真系统完成如图 7-7 所示零件的仿真加工，操作步骤如下：

1）打开仿真系统，开机界面如图 7-8 所示。

图 7-8 仿真系统开机界面

2）进入"选择机床与数控系统"对话框，选择合适的机床，如图 7-9 所示。

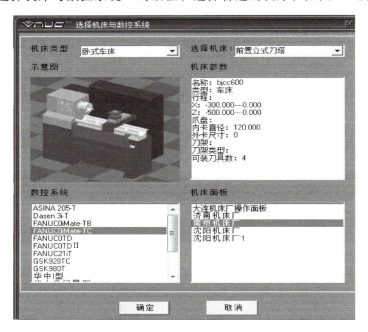

图 7-9 "选择机床与数控系统"对话框

3）机械归零（见图 7-10）的步骤如下：

① 单击"回零方式"按钮 。

② 单击相应坐标轴。

③ 直到相应轴的综合坐标变为 0。

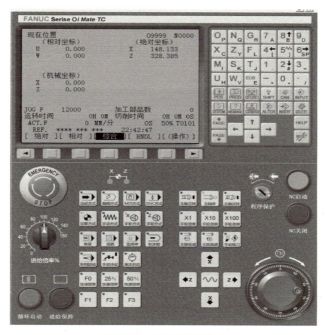

图 7-10 机械归零界面

4) 输入程序。单击"编辑方式"按钮, 然后单击 PROG, 输入零件加工程序, 如图 7-11 所示。

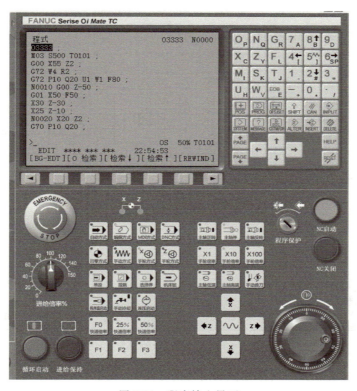

图 7-11 程序输入界面

5）检查程序。

6）装工件、装刀具。

① 单击菜单栏中的"工艺流程"→"毛坯"，进入如图 7-12 所示"车床毛坯"对话框，编辑相应的参数。

图 7-12 "车床毛坯"对话框

② 单击菜单栏中的"工艺流程"→"车刀刀库"，进入如图 7-13 所示"刀库"对话框，根据工艺选择相应的刀具参数。

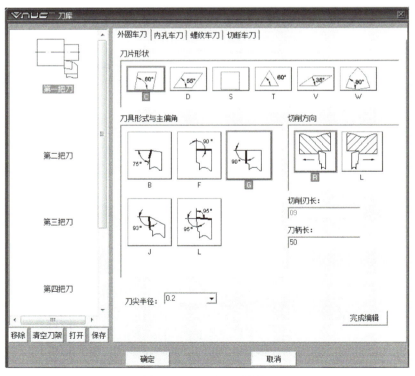

图 7-13 "刀库"对话框

7）对刀。先对 Z 轴方向（采用试切对刀的方法）。在 JOG 状态下单击"主轴正转"，刀具沿 Z 轴方向靠近工件，接近工件时切换至手轮状态，此时刀具开始切端面，在 Z 轴方向不动,单击 ![按钮] 进入如图 7-14 所示界面。光标在 Z 下时,输入 0,单击"测量",Z 轴就对好刀了。

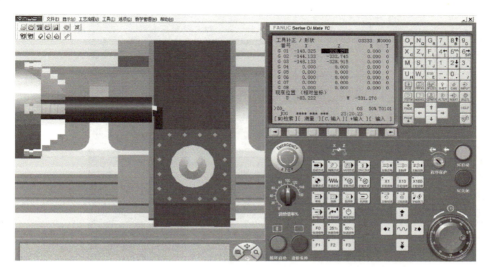

图 7-14 Z 轴对刀界面

再对 X 轴方向。在 JOG 状态下单击"主轴正转",刀具沿 X 轴方向靠近工件,接近工件时切换至手轮状态,此时刀具沿 X 轴方向切入工件一个背吃刀量,沿 Z 轴方向进给一段距离后,在 Z 轴方向退出,单击"主轴停",再单击"测量",测出工件的外径尺寸,在对刀界面下,光标移到 X 下时,输入测量刀具尺寸,单击"测量",如图 7-15 所示。

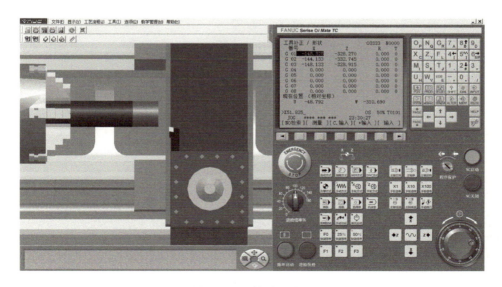

图 7-15 X 轴对刀界面

8)加工。单击 PROG 调出程序,然后单击"自动方式"按钮 ![按钮]。单击"循环启动",工件就开始自动加工,如图 7-16 所示。

数控车削加工技术

图 7-16　加工界面

第8章　内孔车削工艺及编程

🔔 **教学目标**

【知识目标】
1. 了解轴套类零件工艺结构的作用。
2. 掌握轴套类零件常见的表达方法。
3. 掌握轴套类零件的尺寸及技术要求的标注方法。
4. 掌握内外径粗车复合循环指令 G71 的格式及应用。

【能力目标】
1. 会分析薄壁套类零件图样，并进行相应的工艺处理。
2. 会选择薄壁套类零件加工方法，并划分加工工序。
3. 会确定薄壁套类零件装夹方案，选择合适的加工刀具。
4. 会制定简易薄壁套类零件数控车削加工工艺。
5. 会编制简易薄壁套类零件数控车削加工工艺文件。
6. 能正确运用内外径粗半复合循环指令 G71。

【素质目标】
1. 培养学生的知识应用能力、学习能力和动手能力。
2. 培养学生团队协作能力、成员协调能力和决策能力。
3. 培养学生强烈的责任感和良好的工作习惯。

8.1　内孔车削工艺

📖 **任务导入**

车削加工如图 8-1 所示的轴套。

轴套零件加工案例说明：该轴套加工案例中的零件材料为 45 钢，毛坯尺寸为 $\phi64mm \times 23mm$，试制 10 件，轴套内孔已用钻床钻孔至 $\phi35mm$。

8.1.1　相关工艺知识

1. 轴套类零件的加工工艺特点及毛坯选择

（1）轴套类零件的工艺特点

轴套类零件在机器中主要起支撑和导向作用，主要由有较高同轴度要求的内外圆表面组成。一般轴套类零件的主要技术要求如下：

1）内孔及外圆的尺寸精度、表面粗糙度以及圆度要求。

2）内外圆之间的同轴度要求。

3）孔中心线与端面的垂直度要求。

薄壁轴套类零件的壁厚很薄，径向刚度很弱，在加工过程中受切削力、切削热及夹紧力等因素的影响，极易变形，导致以上各项技术要求难以达到。在装夹和加工零件时，必须采取相应的预防纠正措施，以免引起零件变形，或因装夹变形、加工后变形恢复，造成零件表面变形，使加工精度达不到图样技术要求。

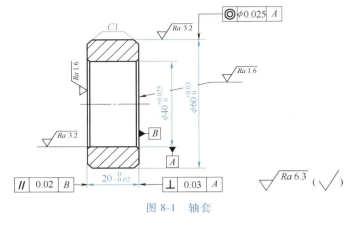

图 8-1 轴套

(2) 轴套类零件的加工工艺原则

1）粗、精加工应分开进行。

2）尽量采用轴向压紧，如果采用径向夹紧，则应使径向夹紧力分布均匀。

3）热处理工序应安排在粗、精加工之间进行。

4）中小型轴套类零件的内外圆表面及端面，应尽量在一次安装中加工出来。

5）在安排孔和外圆加工顺序时，应尽量采用先加工内孔，然后以内孔定位加工外圆的加工顺序。

6）车削薄壁轴套类零件时，车削刀具选择较大的主偏角，以减小背向力，防止零件变形。

(3) 毛坯选择

轴套类零件的毛坯主要根据零件材料、形状结构、尺寸大小及生产批量等因素来选。孔径较小时，可选棒料，也可采用实心铸件；孔径较大时，可选用带预钻孔的铸件或锻件，壁厚较小且较均匀时，还可选用管料。

2. 轴套类零件的定位与装夹方案

(1) 轴套类零件的定位基准选择

轴套类零件的主要定位基准为内外圆中心。

(2) 轴套类零件的装夹方案

1）当轴套类零件的壁厚较大，零件以外圆定位时，可直接采用自定心卡盘装夹；当零件轴向尺寸较小时，可与已加工过的端面组合定位装夹，如采用反爪装夹；零件较长时可加顶尖装夹，再根据零件长度，判断是否再加中心架或跟刀架，采用"一夹一托"法装夹。

2）当轴套类零件以内孔定位时，可采用心轴装夹（圆柱心轴、可胀式心轴）；当零件的内、外圆同轴度要求较高时，可采用小锥度心轴装夹。当零件较长时，可在两端孔口各加工出一小段60°的锥面，用两个圆锥对顶定位装夹。

3）当轴套类零件壁厚较小时，即薄壁轴套类零件，直接采用自定心卡盘装夹会引起零件变形，可采用轴向装夹、刚性开缝套筒装夹和圆弧软爪装夹等办法。

轴向装夹法：将薄壁轴套类零件由径向夹紧改为轴向夹紧，如图8-2所示。

刚性开缝套筒装夹法：薄壁轴套类零件采用自定心卡盘装夹，如图 8-3 所示，零件只受到三个爪的夹紧力，夹紧接触面积小，夹紧力不均衡，容易使零件发生变形。

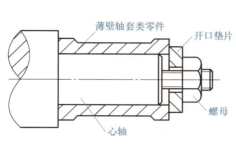

图 8-2　零件轴向夹紧示意图

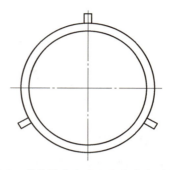

图 8-3　薄壁轴套自定心卡盘装夹示意图

采用如图 8-4 所示的刚性开缝套筒装夹，夹紧接触面积大，夹紧力较均衡，不容易使零件发生变形。

圆弧软爪装夹法：当薄壁轴套类零件以自定心卡盘外圆定位装夹时，采用内圆弧软爪装夹定位零件的方法。

当薄壁轴套类零件以内孔（圆）定位装夹（胀内孔）时，可采用外圆弧软爪装夹。在数控车床上装刀，根据加工零件内孔大小自车加工外圆弧软爪，如图 8-5 所示。

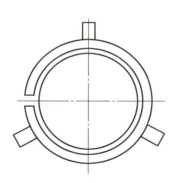

图 8-4　刚性开缝套筒装夹示意图

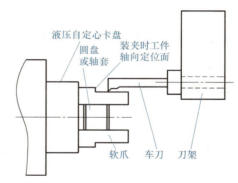

图 8-5　数控车床自车加工外圆弧软爪

加工软爪要在与使用时相同的夹紧状态下进行车削，以免加工过程中由于松动和卡爪反向间隙而引起定心误差，车削时，要在靠近卡盘处装夹适当的圆盘料，以消除卡盘端面螺纹的间隙。自车加工的外圆弧软爪所形成的外圆弧直径应比用来定心装夹的零件内孔直径略大一点。

3. 加工轴套类零件的常用夹具

加工中小型轴套类零件的常用夹具有手动自定心卡盘、液压自定心卡盘和心轴等，加工中大型轴套类零件的常用夹具有单动卡盘和花盘，这些夹具在前面已介绍并熟悉，故不再赘述，这里介绍加工中小型轴套类零件常用的弹簧心轴夹具。

当零件用已加工过的孔作为定位基准，并能达到外圆轴线和内孔轴线的同轴度要求时，常采用弹簧心轴装夹。这种装夹方法可保证零件内外表面的同轴度，较适合用于批量生产。弹簧心轴（又称胀心心轴）既能定心，又能夹紧，是一种定心夹紧装置。弹簧心轴一般分为直式弹簧心轴和阶梯式弹簧心轴。

(1) 直式弹簧心轴

直式弹簧心轴如图 8-6 所示，它的最大特点是在直径方向上膨胀量较大，可达 1.5~5mm。

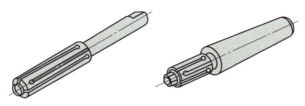

图 8-6　直式弹簧心轴

(2) 阶梯式弹簧心轴

阶梯式弹簧心轴如图 8-7 所示，它的膨胀量较小，一般为 1.0~2.0mm。

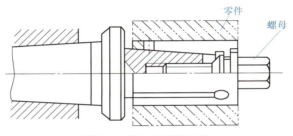

图 8-7　阶梯式弹簧心轴

8.1.2　轴套加工的装夹方案

图 8-1 所示的轴套零件主要由有一定同轴度要求的内外圆表面组成，是典型的轴套类零件。轴套类零件在加工过程中受切削力、切削热及夹紧力等因素的影响，极易变形，必须采取相应的预防纠正措施。该轴套类零件壁厚 10mm，长度为 20mm，不算太薄，零件刚性还可以，但因零件有几何精度要求，还是要考虑零件装夹时的夹紧变形。基于上述情况，该零件装夹采用圆弧软爪装夹法，在数控车床上根据零件内孔大小和外圆大小自车加工外圆弧软爪和内圆弧软爪，分别用于胀紧零件内孔和夹紧零件外径，用自车软爪加工出的软爪轴向台阶面进行轴向定位装夹。加工时先用内圆弧软爪装夹零件外圆，车右端面、内孔及倒角，再用外圆弧软爪胀紧零件内孔，车左端面、外圆及倒角，保证零件的几何精度。

8.2　内孔加工方法

8.2.1　钻孔

用钻头在实体材料上加工孔的方法，称为钻孔。钻头主要用来钻孔，也可用来扩孔。钻削时，工件固定，钻头安装在主轴上做旋转运动（主运动），钻头沿轴线方向移动（进给运动）。实体上钻孔加工刀具有普通麻花钻、钻引正孔的刀具、供应切削液的钻头、扁钻及硬质合金可转位钻头等。

1. 实体上钻孔加工刀具的种类

(1) 麻花钻

麻花钻是一种使用广泛的孔加工刀具。

麻花钻如图 8-8 所示，柄部用于装夹钻头和传递转矩，工作部分进行切削和导向。

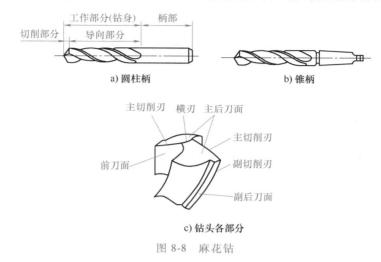

图 8-8 麻花钻

① 柄部。根据柄部不同，麻花钻有锥柄和圆柱柄两种。直径为 0.1~20mm 的麻花钻多为圆柱柄，可装在钻夹头刀柄上，如图 8-8a 所示。直径为 8~80mm 的麻花钻多为锥柄，可直接装在带有莫氏锥孔的刀柄内，它的刀具长度不能调节，如图 8-8b 所示。中等尺寸的麻花钻两种形式均可选用。

② 工作部分。工作部分又分为导向部分和切削部分。

导向部分：麻花钻导向部分起导向、修光、排屑和输送切削液作用，也是切削部分的后备。

切削部分：如图 8-8c 所示，麻花钻的切削部分有两个主切削刃、两个副切削刃和一个横刃；两个螺旋槽是切屑流经的表面，为前刀面；与孔底相对的端部两曲面为主后刀面；与孔壁相对的两条刃带为副后刀面。

为了提高麻花钻钻头刚性，应尽量选用较短的钻头，但麻花钻的工作部分的长度应大于孔深，以便排屑和输送切削液。

（2）钻引正孔的刀具

在加工中心上钻孔，因无夹具钻模导向，受两切削刃上切削力不对称的影响，容易引起钻孔偏斜，因此一般将钻深控制在直径的 5 倍之内。

一般在用麻花钻钻削前，要先用中心钻，或刚性好的短钻头，钻引正孔，用以准确确定孔中心的起始位置，并用引正钻头，保证 Z 向切削的正确性。

图 8-9 所示的刀具常用于钻引正孔，图 8-9a 所示是中心孔钻头，图 8-9b 所示为刀尖角为一定角度的点钻，图 8-9c 所示是球头铣刀，球头面上具有延伸到中心的切削刃。引正孔钻到指定深度后，不宜直接抬刀，而应有孔底暂停的动作，对引导面进行修磨（常用 G82 指令循环加工引正孔）。

（3）供应切削液的钻头

在实体材料上加工孔时，钻头在封闭的状态下进行切削，传热、散热困难，为此，一些钻削刀具设计成钻头切削部分为耐高温的硬质合金，且钻头设计有一个或两个从刀柄通向切削点的孔，供应切削液，如图 8-10a 所示。钻头工作时，压缩空气、油或切削液流入钻头。

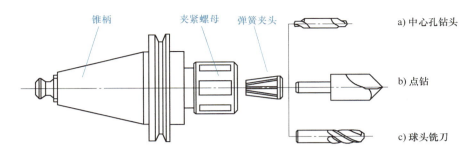

图 8-9 钻引正孔的刀具

这种设计使钻头在排屑的同时,切削点和工作区域得到冷却。钻深孔时这种钻头特别适用。

（4）扁钻

扁钻由于结构简单、刚性好及制造成本低,近年来在自动生产线及数控机床上得到广泛应用。

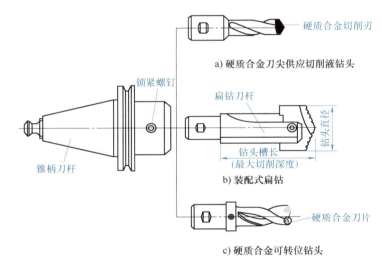

图 8-10 硬质合金刀尖供应切削液钻头、装配式扁钻、硬质合金可转位钻头

整体式扁钻主要用于加工小尺寸的浅孔,特别是加工 $\phi 0.03 \sim \phi 0.5$mm 的微孔。

装配式扁钻（见图 8-10b）由两部分组成:扁钻刀杆和用螺钉安装到刀杆的扁钻刀片。它常用于加工大尺寸的浅孔。一般来说,当钻超过 $\phi 25$mm 的浅孔时,扁钻要比麻花钻更具优势。因为标准装配式扁钻刀杆可适用于多种刀片,扁钻上的磨损刀片可以重新磨刃,也可以直接更换新刀片。扁钻刀片有齿槽结构,起到断屑作用,有利于切屑的排出。

扁钻在钻孔时弯曲较小,因此加工出的孔精度会更高。扁钻往往通过一次进给就加工出孔,不需要钻中心孔或通过多次钻孔来逐渐扩大孔尺寸。为合理地使用扁钻,用扁钻钻孔时,机床提供的转矩要比用标准麻花钻钻孔时所用转矩高 50% 以上,同时,还需要提高工艺系统刚度。

大多数扁钻在钻孔时,需要有流向刀具的切削液,以便散热并排屑。因此,扁钻通常需要配有高压冷却系统。扁钻的钻孔深度受到一定的限制,不适合用于较深孔的加工,这是因为扁钻上没有用于排屑的螺旋槽。

(5) 硬质合金可转位钻头

硬质合金可转位钻头（见图 8-10c）代表了 CNC 钻孔技术发展的新成就。

硬质合金可转位钻头有时用来代替高速钢麻花钻，其钻孔速度要比高速钢麻花钻的钻孔速度高很多，适用于钻直径为 16~80mm 的孔。硬质合金可转位钻头具有扁钻的全部优点，同时还可以更换（或换位）刀片。用这种钻头钻孔时的进给速度可以是麻花钻或扁钻的 5~10 倍。钻头的刚性很好，可保证钻孔的精度，有易于排屑的容屑槽，孔加工质量好，表面粗糙度 Ra 一般可达 $6.3~3.2\mu m$。硬质合金钻头需要较大的加工功率和高压冷却系统。硬质合金刀片还可以加工较硬的材料。

用硬质合金可转位钻头在实体工件上钻孔时，加工孔的长径比宜控制在 4∶1 以内。

2. 实体上钻孔加工的特点、方法

在实体材料上加工孔时，钻头是在半封闭的状态下进行切削的，散热困难，切削温度较高，排屑又很困难。同时切削量大，需要较大的钻削力，钻孔容易产生振动，容易造成钻头磨损。孔加工精度较低。

在实体工件上钻孔，一般先加工孔口平面，再加工孔，刀具在加工过的平面上定位，稳定可靠，且孔加工的编程数据容易确定，并能降低钻孔时轴线的歪斜程度。

在加工中心上，用麻花钻钻削前，要先打引正孔，避免两切削刃上切削力不对称的影响，防止钻孔偏斜。

钻削直径较大的孔和精度要求较高的孔时，宜先用较小的钻头钻孔至所需深度，再用较大的钻头进行钻孔，最后用所需直径的钻头进行加工，以保证孔的精度。

在进行较深的孔加工时，特别要注意钻头的冷却和排屑问题，一般利用深孔钻削循环指令 G83 进行编程，可以工进一段后，钻头快速退出工件进行排屑和冷却，再工进，再进行冷却，断续进行加工。

3. 选择钻削用量的原则

在实体上钻孔时，背吃刀量由钻头直径决定，所以只需选择切削速度和进给量。

对钻孔生产率的影响，切削速度和进给量是相同的；对钻头寿命的影响，切削速度比进给量大；对孔的表面粗糙度的影响，进给量比切削速度大。综合以上的影响因素，钻孔时选择切削用量的基本原则如下：在保证表面粗糙度的前提下，在工艺系统强度和刚度的承受范围内，尽量先选较大的进给量，然后考虑刀具寿命、机床功率等因素选用较大的切削速度。

1) 切削深度的选择：小于 $\phi 30mm$ 的孔一次钻出；$\phi 30~\phi 80mm$ 的孔可分为两次钻削，先用 $(0.5~0.7)D$（D 为要求的孔径）为 0.5~0.7mm 的钻头钻底孔，然后用直径为 D 的钻头将孔扩大。这样可减小切削深度，减小工艺系统轴向受力，并有利于提高钻孔加工质量。

2) 进给量的选择：孔的精度要求较高和表面粗糙度值要求较小时，应取较小的进给量；钻孔较深、钻头较长且刚度和强度较小时，也应取较小的进给量。

3) 钻削速度的选择：当钻头的直径和进给量确定后，钻削速度应根据钻头的寿命选取合理的数值，孔深较大时，钻削条件差，应取较小的切削速度。

高速钢麻花钻的进给量选用可参考表 8-1，切削速度选用可参考表 8-2。

4. 钻孔时的冷却和润滑

钻孔时，由于加工材料和加工要求不同，所用切削液的种类和作用也不一样。

1) 钻孔一般属于粗加工，又是半封闭状态加工，摩擦严重，散热困难，加切削液的目的应以冷却为主。

表 8-1　高速钢麻花钻的推荐进给量

钻头直径 /mm	钢:抗拉强度 R_m/MPa			铸铁:硬度 HBW	
	900 以下	900~1100	1100 以上	<170	≥170
	进给量/(mm/r)			进给量/(mm/r)	
2	0.025~0.05	0.02~0.04	0.015~0.03		
4	0.045~0.09	0.04~0.07	0.025~0.05		
6	0.080~0.16	0.055~0.11	0.045~0.09		
8	0.10~0.20	0.07~0.14	0.06~0.12		
10	0.12~0.25	0.10~0.19	0.08~0.15	0.25~0.45	0.20~0.35
12	0.14~0.28	0.11~0.21	0.09~0.17	0.30~0.50	0.20~0.35
16	0.17~0.34	0.13~0.25	0.10~0.20	0.35~0.60	0.25~0.40
20	0.20~0.39	0.15~0.29	0.12~0.23	0.40~0.70	0.25~0.40
23				0.45~0.80	0.30~0.45
24	0.22~0.43	0.16~0.32	0.13~0.26		
26				0.50~0.85	0.35~0.50
28	0.24~0.49	0.17~0.34	0.14~0.28		
29				0.50~0.90	0.40~0.60
30	0.25~0.50	0.18~0.36	0.15~0.30		
35	0.27~0.54	0.20~0.40	0.16~0.32		

表 8-2　高速钢麻花钻的推荐切削速度

加工材料	硬度 HBW	切削速度/(m/s)
低碳钢	100~125	0.45
	125~175	0.40
	175~225	0.35
中、高碳钢	125~175	0.37
	175~225	0.33
	225~275	0.25
	275~325	0.20
合金钢	175~225	0.30
	225~275	0.25
	275~325	0.20
	325~375	0.17
高速钢	200~250	0.22
灰铸铁	100~140	0.55
	140~190	0.45
	190~220	0.35
	220~260	0.25
	260~320	0.15
铝合金、镁合金		1.25~1.50
铜合金		0.33~0.80

2）在高强度材料上钻孔时，因钻头前刀面要承受较大的压力，所以要求润滑膜有足够的强度，以减少摩擦和减小钻削阻力。因此，可在切削液中增加硫、二硫化钼等成分，如硫化切削油。

3）在塑性、韧性较大的材料上钻孔时，要求加强润滑作用，在切削液中可加入适当的动物油和矿物油。

4）孔的精度要求较高和表面粗糙度值要求很小时，应选用主要起润滑作用的切削液。

8.2.2 扩孔

用扩孔工具（如扩孔钻）扩大工件铸造孔和预钻孔孔径的加工方法称为扩孔。用扩孔钻扩孔，可以是为铰孔做准备，也可以是加工精度要求不高孔的最终工序。钻孔后进行扩孔，可以矫正孔的轴线偏差，使其获得正确的几何形状与较小的表面粗糙度值。扩孔的加工经济精度等级为 IT10~IT11，表面粗糙度 Ra 为 6.3~3.2μm。

1. 用麻花钻扩孔

如果孔径较大或孔面有一定的表面质量要求，孔不能用麻花钻在实体上一次钻出，常用直径较小的麻花钻预钻一孔，然后用修磨的大直径麻花钻进行扩孔。由于扩孔避免了麻花钻横刃切削的不良影响，因此在扩孔时可适当提高切削用量，同时，由于吃刀量的减小，使切屑容易排出，孔的表面粗糙度值可减小。

用麻花钻扩孔时，扩孔前的钻孔直径为目标孔径的 50%~70%，扩孔时的切削速度约为钻孔的 1/2，进给量为钻孔的 1.5~2 倍。

2. 用扩孔钻扩孔

为提高扩孔的加工精度，预钻孔后，在不改变工件与机床主轴相互位置的情况下，换上专用扩孔钻进行扩孔。这样可使扩孔钻的轴线与预钻孔的中心线重合，使切削平稳，保证加工质量。用扩孔钻对已有的孔进行再加工时，其加工质量及效率优于麻花钻。

专用扩孔钻通常有 3~4 个切削刃，主切削刃短，刀体的强度和刚度大，导向性好，切削平稳。扩孔钻刀体上的容屑空间可使排屑通畅，因此可以扩盲孔。

在铸孔、锻孔上进行扩孔时，为提高质量，可先用镗刀镗出一段直径与扩孔钻相同的导向孔，然后再进行扩孔。这样可使扩孔钻在一开始进行扩孔时就有较好的导向性，而不会随原有不正确的孔偏斜。

扩孔钻的结构有高速钢整体式（见图 8-11a）、镶齿套式（见图 8-11b）、镶硬质合金套式（见图 8-11c）。

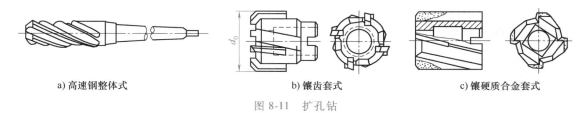

a) 高速钢整体式　　　　b) 镶齿套式　　　　c) 镶硬质合金套式

图 8-11　扩孔钻

3. 扩孔的余量与切削用量

扩孔的余量一般为孔径的 1/8 左右，小于 φ25mm 的孔，扩孔余量为 1~3mm；大于 φ25mm 的孔，扩孔余量为 3~9mm。

扩孔时的进给量大小主要受表面质量要求限制，切削速度受刀具寿命的限制。

8.2.3 铰孔

铰孔是孔的精加工方法之一,铰孔的刀具是铰刀。铰孔的加工余量小(粗铰为 0.15~0.35mm,精铰为 0.05~0.15mm),铰刀的容屑槽浅,刚性好,切削刃数目多(6~12 个),导向可靠性好,切削刃的切削负荷均匀。铰刀制造精度高,其圆柱校准部分具有校准孔径和修光孔壁的作用。铰孔时排屑和冷却润滑条件好,切削速度低(精铰为 2~5m/min),切削力、切削热都小,并可避免产生积屑瘤。因此,铰孔的加工经济精度等级可达 IT6~IT8;表面粗糙度 Ra 为 0.4~1.6μm。铰孔的进给量一般为 0.2~1.2mm/r,为钻孔进给量的 3~4 倍,可保证较高的生产率。铰孔直径一般不大于 80mm。铰孔不能纠正孔的位置误差,孔与其他表面之间的位置精度,必须由铰孔前的加工工序来保证。

8.3 典型内孔车削编程

任务导入

已知粗车背吃刀量为 4mm,在 X 轴方向余量为 1.0mm,在 Z 轴方向为 2.0mm,试用内外径粗车复合循环指令 G71 完成如图 8-12 所示阶梯孔零件的加工。

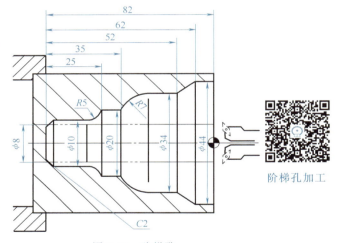

图 8-12 阶梯孔

阶梯孔加工

1. 简单的工艺分析

(1)车端面

粗车毛坯右端面,建立工件坐标系。

(2)粗车内孔

粗车时主轴转速 S 设为 500r/min,进给速度 F 设为 0.2mm/r,背吃刀量设为 1mm。

(3)精车内孔

精车时主轴转速 S 设为 800r/min,进给速度 F 设为 0.15mm/r,背吃刀量设为 0.5mm。

2. 数控车床程序卡

填写数控车床程序卡,见表 8-3。

表 8-3 数控车床程序卡

数控车床程序卡	编程原点		工件右端面与轴线交点		编写日期	
	零件名称	阶梯孔	零件图号	图 8-12	材料	45
	车床型号	CJK6240	夹具名称	自定心卡盘	实训车间	数控中心
程序号	O0073			编程系统	FANUC 0-TD	
序号	程序			简要说明		
N010	G50 X200 Z200;			建立工件坐标系		
N020	M03 S500 T0101;			主轴正转,选择 1 号外圆刀		
N030	G99;			进给速度单位设为 mm/r		

(续)

序号	程序	简要说明
N040	G00 X42.0 Z2.0;	粗车循环起点
N060	G71 W1.0 R0.5;	调用粗车循环,每次背吃刀量1mm,留精加工余量单边0.5mm
N070	G71 P80 Q180 U0.5 W0.5 F0.2;	
N080	G01 X44 Z-20 F0.15 S800;	进给加工至(X44,Z-20)的位置
N090	X34.0 Z-20;	进给加工至(X34,Z-20)的位置
N100	Z-40.0;	进给加工至(X34,Z-40)的位置
N110	G03 X20 Z-47.0 R7;	进给加工至(X20,Z-47)的位置
N130	G01 Z-57.0;	进给加工至(X20,Z-57)的位置
N150	G02 X10.0 Z-62.0 R5;	进给加工至(X10,Z-62)的位置
N160	G01 Z-80.0;	进给加工至(X10,Z-80)的位置
N170	G01 X8 Z-82.0;	进给加工至(X8,Z-82)的位置
N180	X6.0 Z2.0;	退刀
N190	G70 P80 Q170;	精车循环
N200	G00 X100.0 Z100.0;	回换刀点
N210	M30;	程序结束

8.4 薄壁零件加工工艺

任务导入

薄壁零件因为具有重量轻、节约材料、结构紧凑等特点,已日益广泛地应用在工业领域。但薄壁零件的加工是比较棘手的,原因是薄壁零件刚性差、强度弱,在加工中极容易变形,不易保证零件的加工质量。

薄壁零件的加工问题一直是较难解决的。目前,一般采用数控车削的方式进行加工,为此要对零件的装夹、刀具几何参数、程序的编制等工艺流程进行试验,合理地选择加工方法,从而有效地克服薄壁零件加工过程中出现的变形,进而保证加工精度。

8.4.1 零件图分析

图 8-13 所示是薄壁套筒,它由外圆、内孔组成。尺寸标注完整,表面粗糙度 Ra 为 $1.6\mu m$,选用的材料是 45 钢。毛坯尺寸为 $\phi 35mm \times 50mm$,表面无热处理等要求。

8.4.2 确定加工方法

确定加工方法的原则是保证加工表面的加工精度和表面的粗糙度。薄壁类零件应按由粗到精的加工工序。薄壁零件通常需要加工内、外表面。

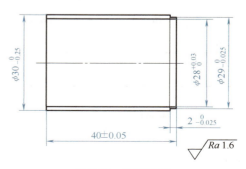

图 8-13 薄壁套筒

内表面的粗加工和精加工都会导致零件变形,所以应按粗精加工分序。内外表面粗加工后,再进行内外表面精加工,均匀地去除零件表面多余的部分,这样有利于消除切削变形。加工方法多种多样,应结合零件的形状、尺寸、位置,选择合理快捷的加工方法。尺寸精度要求较高时,公差值较小,取其公称尺寸加工编程便可。

8.4.3 工件装夹

1. 定位基准选择

定位基准选择极为重要,它能影响工件加工的尺寸、位置精度,进而影响到工件整体的加工质量。

根据基准重合原则,以工件左端面或者右端面作为定位基准。

2. 装夹方式选择

为确保工件在切削过程中的稳定性,避免因切削力导致工件位移或偏动,从而影响工件的位置精度、加工质量,并防止危害刀具、机床以及操作人员安全,合理的装夹方式显得尤为重要。

装夹方法:先用自定心卡盘装夹毛坯左端,加工内孔,这样可以保证工件精度。

8.4.4 刀具和切削用量选择

工件数控加工刀具卡和数控加工工艺卡见表 8-4 和表 8-5。切削用量公式为

$$v_c = \pi d n / 1000$$

式中 v_c——切削速度(m/min);

d——切削刃上选定点处所对应的工件或刀具的回转直径(mm);

n——主轴转速(r/min)。

表 8-4 数控加工刀具卡

产品名称或代号			零件名称	薄壁结构零件	零件图号	
序号	刀具号	刀具规格名称	数量	加工表面	刀尖半径 /mm	备注
1	T01	硬质合金 90°车刀	1	粗、精车外轮廓		
2	T02	硬质合金端面 45°车刀	1	粗、精车端面		
3	T03	硬质合金镗孔刀	1	粗镗孔		
4	T04	硬质合金镗孔刀	1	精镗孔		
5	T06	φ25mm 麻花钻	1	钻孔		
编制		审核		批准	共 页	第 页

表 8-5 数控加工工艺卡

数控加工工艺卡		产品名称或代号	零件名称	零件图号
			薄壁结构零件	
单位名称		夹具名称	使用设备	车间
		自定心卡盘和活动顶尖		数控中心

（续）

序号	工序内容	刀具号	刀具规格/mm	主轴转速/(r/min)	进给速度/(mm/r)	背吃刀量/mm	备注
1	φ25麻花钻钻通孔	T05	25×25	500	0.1		手动
2	卡盘夹住 φ35mm 外圆，粗加工内孔 φ28mm，留余量 0.5mm，在 Z-41 处，多车 1mm 防止有截刀痕	T03	φ5	800	0.15	1.5	自动
3	精加工内孔至尺寸要求	T04	25×25	1000	0.1	0.2	自动
4	卸下工件，将工件套在心轴上，粗车右端外圆台阶 φ29mm 和 φ30mm，在 Z-41 处留精车余量 0.5mm	T01	25×25	800	0.15	1.5	自动
5	精车外圆 φ29mm、φ30mm 至尺寸要求	T01	25×25	1000	0.1	0.2	自动
编制		审核		批准		年 月 日	共 页 第 页

第 9 章 切槽、切断加工工艺及编程

教学目标

【知识目标】
1. 掌握在数控车床上切槽与切断的基本方法。
2. 掌握切断刀的安装、调整以及对刀操作。
3. 掌握切槽、切断指令的编程格式与编程方法。
4. 掌握内切槽、外切槽、典型槽的加工方法。
5. 掌握切槽、切断的加工工艺。

【能力目标】
1. 能在数控车床上完成工件的切断及沟槽的加工。
2. 能正确完成切断刀的安装、调整以及对刀操作。

【素质目标】
1. 培养学生的知识应用能力、学习能力和动手能力。
2. 培养学生团队协作能力、成员协调能力和决策能力。
3. 培养学生强烈的责任感和良好的工作习惯。

9.1 切槽加工工艺

在加工机械零件过程中,经常需要切断零件;在车削螺纹时为退刀方便,并使零件装配在正确的轴向位置,须开设退刀槽;在加工变径轴过程中也常用排刀切削等加工零件。这些都需要进行切槽或切断,所以说切槽或切断是机械加工过程中不可缺少的一个环节。

1. 切槽(切断)刀

切槽(切断)刀以横向进给为主,前端的切削刃为主切削刃,有两个刀尖,两侧为副切削刃,刀头窄而长、强度差;主切削刃太宽会引起振动,在切断时会浪费材料,但太窄又会削弱刀头的强度。

主切削刃宽度计算的经验公式为

$$\alpha = (0.5 \sim 0.6)\sqrt{d} \tag{9-1}$$

式中 α——主切削刃的宽度(mm);

d——待加工零件表面直径(mm)。

刀头的长度计算的经验公式为

$$L = h + (2 \sim 3) \text{mm} \tag{9-2}$$

式中 L——刀头长度(mm);

h——切入深度（mm）。

2. 切槽工序安排

切槽一般安排在粗车和半精车之后、精车之前。若零件的刚性好或精度要求不高时也可以在精车后再切槽。

3. 窄槽加工方法

当槽宽度尺寸不大时，可用刀头宽度等于槽宽的切槽刀，一次进刀切出。编程时还可用 G04 指令使刀具在切至槽底时停留一定时间，以光整槽底，如图 9-1 所示。

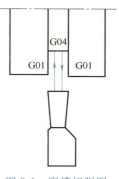

图 9-1 窄槽切削图

4. 宽槽加工方法

当槽宽度尺寸较大（大于切槽刀刀头宽度）时，应采用多次进刀法加工，并在槽底及槽壁两侧留有一定精车余量，然后根据槽底、槽宽尺寸进行精加工，宽槽粗加工、精加工的切削路线如图 9-2 所示。

a) 宽槽粗加工　　　　　　　b) 宽槽精加工

图 9-2 宽槽切削路线图

5. 切槽加工应注意的问题

1）切槽刀有三个刀位点：左、右两个刀尖处及切削刃中心处，在整个加工程序中应采用同一个刀位点，一般采用左侧刀尖作为刀位点，这样对刀、编程较方便，如图 9-3 所示。

2）切槽过程中退刀路线应合理，避免产生撞刀现象。切槽后应先沿径向（X 向）退刀，再沿轴向（Z 向）退刀，如图 9-4 所示。

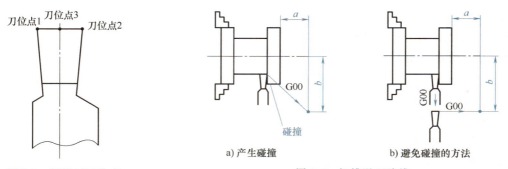

图 9-3 切槽刀刀位点　　　　　　a) 产生碰撞　　　　b) 避免碰撞的方法

图 9-4 切槽退刀路线

6. 切槽刀的对刀

切槽刀对刀时采用左侧刀尖为刀位点，与编程采用的刀位点一致。对刀操作步骤如下：

1）Z 向对刀，如图 9-5 所示。

2）X 向对刀，如图 9-6 所示。

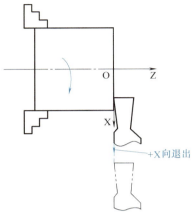

图 9-5　Z 向对刀

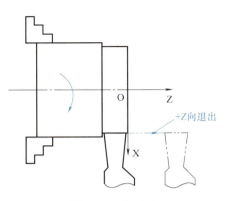

图 9-6　X 向对刀

对刀操作注意事项如下：

1）切槽刀刀头强度低，易折断，安装时应按要求严格装夹。

2）加工中如使用两把车刀，对刀时不要弄错刀具的刀具号及补偿号。

3）对刀时，外圆车刀采用试切端面、外圆的方法进行，切槽刀不能再切端面，否则，加工后的零件长度尺寸会发生变化。

4）首件加工时应尽可能采用单步运行，程序准确无误后再采用自动方式加工，以避免意外。

5）对刀时，在刀具接近零件过程中，进给倍率要小，避免产生撞刀现象。

6）切断刀采用左侧刀尖作刀位点，编程时应考虑刀头宽度尺寸。

9.2　一般凹槽的切削工艺与编程

任务导入

如图 9-7 所示传动轴，毛坯为 φ34mm 的棒料，材料为 45 钢。选择 3 种刀具，T01 为 93°外圆车刀，T02 为 60°外螺纹刀，T04 为切断刀（刀宽 3mm）。

9.2.1　凹槽加工工艺简介

1. 凹槽加工的特点

1）外圆切槽加工：对于粗加工宽槽或方肩间的车削，最常用的加工方法为多步切槽、陷入车削和坡走车削，需要单独的精加工。如果槽宽比槽深小，则推荐执行多步切槽方法；如果槽宽比槽深大，则推荐使用陷入车削方法；如

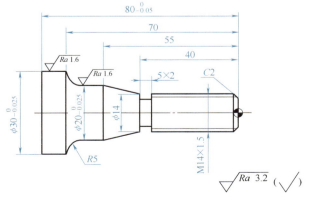

图 9-7　传动轴

果加工棒材、细长或强度低的零件，则推荐使用坡走车削方法。

2）端面切槽加工：在零件端面上进行轴向切槽时，需选用端面切槽刀具以实现圆形切槽，分多步进行，保持低的轴向进给率，以避免切屑堵塞。从切削最大直径开始，向内切削以获取最佳切屑控制。

3）内沟槽加工：与外圆切槽的方法相似，确保排屑通畅和最小的振动趋势。在切削宽槽时，特别是当使用窄刀片进行多步切槽或陷入车削时，能有效地降低振动趋势。从孔底部开始向外进行切削有助于排屑。在粗加工时，应使用最佳的左手或右手型刀片来引导排屑。

2. 刀具的选择

1）刀柄的选择：尽可能降低刀具偏斜和振动趋势，一般选择具有最小悬深的刀柄或刀板，尽可能选择大的刀柄尺寸，尽可能选择大（宽）刀片座的刀板或刀柄，刀板高度不小于插入长度，刀具悬深不应超过刀片宽度的 8 倍。

2）刀片的选择：刀片共有三种类型：中置型（N、主偏角为 0°）、右手型（R）和左手型（L）。中置型刀片的切削刃与刀具的进给方向成直角，它可提供稳定的切削力，其切削力主要为径向切削力，使其具备稳定的切削作用、良好的切屑形成、长的刀具寿命以及实现直线切削；右手（R）和左手（L）型刀片，两者都有一定角度的主偏角，适用于对工件切口末端进行精加工，选择合适的左右手型刀片，便于切削刃的前角靠近切断部分，去除工件毛刺。

3）刀片宽度的选择：一方面要考虑到刀具强度和稳定性，另一方面又要考虑到节省工件材料和降低切削力。对于小直径棒料或薄壁管材零件的切断，选择较小的刀片宽度和锋利的切削刃来降低切削力。

9.2.2 程序编写

1. 零件图工艺分析

1）技术要求分析。如图 9-7 所示，零件包括圆柱面、圆锥面、圆弧面、端面、外沟槽、外螺纹、切断面等。零件材料为 45 钢，无热处理和硬度要求。

2）确定装夹方案、定位基准、加工起点、换刀点。由于毛坯为棒料，用自定心卡盘夹紧定位。由于零件较小，为了加工路径清晰，加工起点和换刀点可以设为同一点，放在 Z 向距工件前端面 200mm、X 向距轴线 100mm 的位置。

3）制定加工方案，确定各刀具及切削用量。数控加工刀具卡见表 9-1，数控加工工艺卡见表 9-2。

表 9-1 数控加工刀具卡

产品名称或代号			零件名称	传动轴	零件图号	
序号	刀具号	刀具规格名称	数量	加工表面	刀尖半径 /mm	备注
1	T01	93°粗精右偏外圆车刀	1	外表面、端面	0.4	
2	T02	60°外螺纹刀	1	外螺纹	0.2	
3	T03	$B=3mm$ 切断刀	1	切槽、切断	0.3	
编制		审核		批准	共 页	第 页

表 9-2 数控加工工艺卡

数控加工工艺卡		产品名称或代号		零件名称	零件图号
				传动轴	
单位名称		夹具名称		使用设备	车间
		自定心卡盘和活动顶尖			数控中心
序号	工序内容	刀具号	刀具规格/mm	主轴转速/(r/min)	进给速度/(mm/r)	背吃刀量/mm	备注
1	自右向左粗车端面、外圆面	T01	25×25	600	0.3	2	自动
2	自右向左精车端面、外圆面	T01	25×25	900	0.1	0.2	自动
3	切外沟槽	T03	25×25	300	0.1		自动
4	车螺纹	T02	25×25	300	1.5		自动
5	切断	T03	25×25	300	0.1		自动
编制		审核	批准	年 月 日	共 页	第 页	

2. 数值计算

1）设定程序原点，以工件右端面与轴线的交点为程序原点建立工件坐标系。

2）计算各节点位置坐标值，略。

3）螺纹加工前轴径 $D=14\text{mm}-0.2\text{mm}=13.8\text{mm}$。

4）当螺距 $P=1.5\text{mm}$ 时，查表得牙型高度 $h=0.974\text{mm}$。加工过程分 4 次进给，每次进给的吃刀量分别为：0.8mm、0.6mm、0.4mm、0.16mm。

3. 数控车床程序卡

填写数控车床程序卡，见表 9-3。

表 9-3 数控车床程序卡

数控车床程序卡	编程原点	工件右端面与轴线交点		编写日期	
	零件名称	传动轴	零件图号	图 9-7	材料	45
	车床型号	CJK6240	夹具名称	自定心卡盘	实训车间	数控中心
程序号		O8002	编程系统		FANUC 0-TD	
序号		程序		简要说明		
N010	G50 X200 Z200;			建立工件坐标系		
N020	M03 S600 T0101;			主轴正转，选择 1 号 93°外圆车刀		
N030	G99;			进给速度单位设为 mm/r		
N040	G00 X38 Z2;			快速定位至 ϕ38mm 直径，距端面正向为 2mm		
N050	G71 U2 R0.5;			调用粗车循环，每次背吃刀量 2mm，留精加工余量单边 0.2mm		
N060	G71 P70 Q160 U0.4 W0.2 F0.3;					
N070	G01 X-1 F0.1;			进给加工至（X-1,Z2）的位置		
N080	Z0;			进给加工至（X-1,Z0)的位置		
N090	X10;			加工端面		
N100	X13.8 Z-2;			加工倒角 C2		

(续)

序号	程序	简要说明
N110	Z-40;	加工 M14 直径外圆至 $\phi13.8$mm
N120	X20 Z-55;	加工锥面
N130	Z-65;	加工 $\phi20$mm 外圆
N140	G02 X30 Z-70 R5;	加工 $R5$mm 圆弧面
N150	G01 Z-83;	加工 $\phi30$mm 外圆
N160	X38;	车平端面
N170	M01;	选择停止,以便检测工件
N180	M03 S900;	换转速,主轴正转
N190	G70 P70 Q160;	调用精加工循环
N200	G00 X200 Z200 T0100 M05;	返回换刀点,取消刀补,停主轴
N210	M01;	选择停止,以便检测工件
N220	M03 S300 T0404;	换切槽刀,降低转速
N230	G00 X20 Z-40;	快速定位,准备切槽
N240	G75 R0.5;	调用复合循环切削沟槽指令,加工槽 5mm×2mm,
N250	G75 X10 Z-38 P1500 Q2000 F0.1;	每次 X 向移动量 1.5mm,Z 向移动量 2.0mm
N260	G00 X200 Z200 T0400 M05;	返回换刀点,取消刀补,停主轴
N270	M01;	选择停止,以便检测工件
N280	M03 S300 T0202;	换转速正转,换 60°外螺纹刀
N290	G00 X20 Z5;	快速定位至循环起点(X20,Z5)
N300	G92 X13.2 Z-37.5 F1.5;	
N310	X12.6;	
N320	X12.2;	加工螺纹
N330	X12.05;	
N340	G00 X200 Z200 T0200 M05;	返回刀具起始点,取消刀补,停主轴
N350	M01;	选择停止,以便检测工件
N360	M03 S300 T0404;	换切断刀,主轴正转
N370	G00 X38 Z-83;	快速定位至(X38,Z-83)
N380	G01 X0 F0.1;	切断
N390	G00 X38;	径向退刀
N400	G00 X200 Z200 T0400 M05;	返回刀具起始点,取消刀补,停主轴
N410	T0100;	1 号刀取消刀补
N420	M30;	程序结束

9.3 复合循环切削沟槽指令 G75

任务导入

加工如图 9-8、图 9-9 所示的阶梯轴零件,用复合循环切沟槽指令加工,其毛坯为棒料。工艺设计为:粗加工时背吃刀量为 1.5mm,进给速度为 0.2mm/r,主轴转速为 300r/min;精加工余量 X 向为 1mm(直径量),Z 向为 1mm,进给速度为 0.15mm/r,主轴转速为 800r/min。

图 9-8 阶梯轴实物图

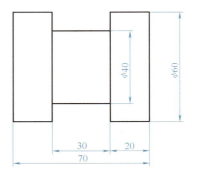

图 9-9 阶梯轴零件图

为完成此项任务，需掌握的知识如下：

1. G75 复合循环切削沟槽指令

（1）格式如下：

G75　R_;

G75　X_　Z_　P_　Q_　F_;

（2）各地址含义如下：

R 为退刀量。

X、Z 为槽的终点坐标（相对于起点）。

P 为 X 向每次背吃刀量（无正负符号，半径值）。

Q 为每完成一次径向切削后，在 Z 向的移动量，此值小于刀宽，无正负符号。

复合循环切削沟槽指令 G75 的动作路线如图 9-10 所示。

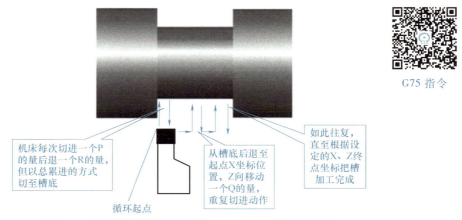

图 9-10　复合循环切削沟槽指令 G75 的动作路线示意图

2. 编程注意事项

1）必须首先定义一个起点，如果想从槽的左侧开始加工，则该起点在 Z 向的值等于左侧 Z 坐标，X 向的值略大于工件直径，右侧也是如此，否则机床将发生不可预想的运动。

2）切槽刀一般定义左刀尖为刀位点，所以定义槽左侧为起点，定义终点时要考虑刀宽。

3）P、Q 的编程值以 0.001mm 为单位。

4）由于 G75 是一个粗加工循环指令，因此在编程时槽的两侧和底部都要留有精加工余量，以便用 G01 指令再进行精加工。

5)循环结束后,刀具停留在起点。明确这一点对于下一步编程非常重要。
3. 数控车床程序卡
填写数控车床程序卡,见表 9-4。

表 9-4 数控车床程序卡

数控车床程序卡	编程原点	工件右端面与轴线交点		编写日期	
	零件名称	阶梯轴	零件图号	图 9-9	材料	45
	车床型号	CJK6240	夹具名称	自定心卡盘	实训车间	数控中心
程序号		O0083		编程系统	FANUC 0-TD
序号		程序		简要说明	
N010	M03 S600 T0101;			主轴正转,选择 1 号外圆刀	
N020	G99;			进给速度单位设为 mm/r	
N030	G00 X61 Z-48.8;			空行程运动至(X61,Z-48.8)的位置	
N035	G75 R1.0;			调用切槽循环指令	
N040	G75 X40.2 Z-25.2 P1500 Q4700 F0.1;				
N050	G01 Z-50.0 F0.1 S800;			进给加工至(X61,Z-50)的位置	
N060	X40.0;			进给加工至(X40,Z-50)的位置	
N070	Z-25.0;			进给加工至(X40,Z-25)的位置	
N080	X61.0;			进给加工至(X61,Z-25)的位置	
N090	G00 X100.0 Z100.0;			回换刀点	
N100	M30;			程序结束	

9.4 切断工艺及编程

任务导入

切断如图 9-11 所示轴零件,切断刀的刀宽为 5mm。
为完成此项任务,需掌握的知识如下:
1. 刀具选择
切断要用切断刀,切断刀的形状与切槽刀相似,刀位点为左侧刀尖。
常用的切断方法有直进法和左右借刀法两种。直进法常用于切断铸铁等脆性材料,左右借刀法常用于切断钢等塑性材料。
2. 工艺分析
1)采用手动切削右端面。
2)保证 Z 向尺寸为 50mm,在移动刀具时应加刀宽(4mm)。
3)径向进给路线应过 X0 点。

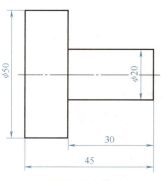

图 9-11 轴

4）径向切断工件要留余量，保证工件不掉到托板上，以免擦伤已加工表面；端面切断，径向尺寸要过轴线，以确保工件端面平整。

3. 数控车床程序卡

填写数控车床程序卡，见表 9-5。

表 9-5 数控车床程序卡

数控车床程序卡	编程原点	工件右端面与轴线交点		编写日期	
	零件名称	轴	零件图号	图 9-11	材料	45
	车床型号	CJK6240	夹具名称	自定心卡盘	实训车间	数控中心
程序号	O0084		编程系统	FANUC 0-TD		
序号	程序		简要说明			
N010	M03 S600 T0101；		主轴正转，选择 1 号切断刀			
N020	G98；		进给速度单位设为 mm/min			
N030	G00 X55 Z-50；		定切断刀的起刀点			
N035	G01 X2 F50；		切断			
N040	X55 F100；		退刀			
N090	G00 X100.0 Z100.0；		回换刀点			
N100	M30；		程序结束			

9.5 子程序在切槽加工中的应用

 任务导入

子程序

图 9-12 所示为不等距沟槽轴。已知：毛坯直径为 37mm，长度为 77mm；1 号刀具为外圆车刀；2 号刀具为切断刀，宽度为 2mm。

为完成此项任务，需掌握的知识如下：

1. 子程序的结构

子程序与主程序相似，由子程序号、子程序内容和程序结束指令组成。

一个子程序也可以调用下一级子程序。子程序必须在主程序结束指令后建立，其作用相当于一个固定循环。

2. 子程序的调用

FANUC 0i 系统子程序调用格式如下：

M98 P_；

说明：M98 为子程序调用字；P 后面的第 1 位数字为子程序重复调用次数；后 4 位数字为子程序号。当不指定重复次数时，子程序只调用一次。

例如：M98 P51002；

该指令连续调用子程序（1002 号）5 次。

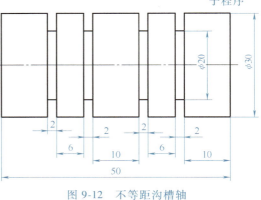

图 9-12 不等距沟槽轴

子程序调用指令（M98 P_ ）可以与运动指令在同一个程序段中使用。

例如：G00　X100　M98　P1200；

3. 子程序的嵌套

子程序调用下一级子程序称为嵌套，上一级子程序与下一级子程序的关系，与主程序与第一层子程序的关系相同。

4. 数控车床程序卡

填写数控车床程序卡，见表 9-6。

表 9-6　数控车床程序卡

数控车床程序卡	编程原点		工件右端面与轴线交点		编写日期	
	零件名称	沟槽轴	零件图号	图 9-12	材料	45
	车床型号	CJK6240	夹具名称	自定心卡盘	实训车间	数控中心
程序号	O0084			编程系统	FANUC 0-TD	
序号	程序			简要说明		
N010	M03 S600 T0101；			主轴正转,选择1号外圆车刀		
N020	G98 M08；			进给速度单位设为 mm/min		
N030	G00 X34 Z0；			定起刀点		
N040	G01 X0 F0.3；			切端面		
N050	G00 X34 Z2；			退刀		
N060	G01 Z-55 F0.3；			车外圆柱		
N070	G00 X150 Z100；			回换刀点		
N080	M03 S300 T0202；			换切断刀		
N090	X32 Z0；			定切断刀的起刀点		
N100	M98 P20015；			调用子程序		
N110	G00 X150 Z100；			回换刀点		
N120	M09；			切削液关闭		
N130	M30；			程序结束		
	O0015			子程序号		
N010	G00 W-12；			定切第一个槽的起刀点		
N020	G01 U-12 F0.15；			切第一个槽		
N030	G04 X1；			到槽底暂停 1s		
N040	G00 U12；			退刀		
N050	W-8；			定切第二个槽的起刀点		
N060	G01 U-12. F0.15；			切第二个槽		
N070	G04 X1；			到槽底暂停 1s		
N080	G00 U12；			退刀		
N090	M99；			子程序结束		

第 10 章　螺纹车削工艺及编程

教学目标

【知识目标】
1. 熟悉螺纹的种类、特点与应用。
2. 运用 G32 指令编程车削螺纹。
3. 运用 G92 指令编程车削螺纹。
4. 运用 G76 指令编程车削螺纹。
5. 熟悉车床类型与组成。
6. 螺纹车刀类型与安装方法。
7. 三角形螺纹、梯形螺纹、内螺纹车削加工方法。

【能力目标】
1. 能熟练操作车床并加工螺纹零件。
2. 能够合理选择车刀类型并正确安装。
3. 掌握三角形螺纹、梯形螺纹、内螺纹车削加工工艺。
4. 能够正确制定螺纹零件加工工艺过程。

【素质目标】
1. 培养学生的知识应用能力、学习能力和动手能力。
2. 培养学生团队协作能力、成员协调能力和决策能力。
3. 具备良好的沟通能力及评价自我和他人的能力。
4. 培养学生强烈的责任感和良好的工作习惯。

10.1　螺纹车削加工概述及加工工艺

10.1.1　螺纹车削加工基础

1. 螺纹的分类

螺纹按用途分为两大类，即连接螺纹和传动螺纹。具体分类见表 10-1。

（1）连接螺纹

连接常用 3 种标准连接螺纹，即：粗牙普通螺纹、细牙普通螺纹、管螺纹（55°非密封管螺纹、55°密封管螺纹）。

上述 3 种螺纹牙型皆为三角形，其中普通螺纹的牙型为等边三角形（牙型角为 60°），细牙和粗牙的区别是在大径相同的条件下，细牙螺纹比粗牙螺纹的螺距小。

表 10-1 螺纹的分类

按用途分类	按牙型分类	外形及牙型图	牙型符号	按用途分类	按牙型分类	外形及牙型图	牙型符号
连接螺纹	粗牙普通螺纹		M	连接螺纹	55°密封管螺纹		Rp R₁ R₂
	细牙普通螺纹			传动螺纹	梯形螺纹		Tr
	55°非密封管螺纹		G		锯齿形螺纹		B

55°非密封管螺纹和55°密封管螺纹的牙型为等腰三角形（牙型角为55°），螺纹名称以英寸为单位，并以25.4mm螺纹长度中的螺纹牙数表示螺纹螺距。管螺纹多用于管件和薄壁零件的连接，其螺距与牙型均较小。

（2）传动螺纹

传动螺纹用作传递动力或运动的螺纹，如升降台、虎钳上的螺纹。常用的两种标准传动螺纹如下：

梯形螺纹：牙型为等腰梯形，牙型角为30°，它是最常用的传动螺纹。

锯齿形螺纹：一种受单向力的传动螺纹，牙型为不等腰三角形，一边与铅垂线的夹角为30°，另一边为3°，形成33°的牙型角。

螺纹的牙型、大径和螺距都符合现行国家标准者，称为标准螺纹。若螺纹仅牙型符合现行国家标准，大径或螺距不符合现行国家标准者，则称为特殊螺纹。牙型不符合现行国家标准者，称为非标准螺纹（如方牙螺纹）。

2. 螺纹的工艺结构

（1）倒角

为了防止端部螺纹碰伤人手以及在装配中便于对中，在内、外螺纹的端部一般都有倒角，如图10-1所示。

（2）螺尾和退刀槽

在加工螺纹时，由于车刀的退出或丝锥的本身结构，会造成螺纹最后几个牙型不完整，这一段不完整的螺纹称

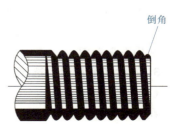

图 10-1 螺纹的工艺结构（倒角）

为螺尾，如图 10-2a 所示。

车削螺纹时，为了便于退刀，并避免产生螺尾，可在螺纹的终止处预先车出一个小槽，称为退刀槽，如图 10-2b 所示。

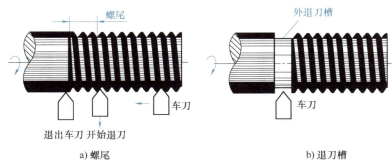

图 10-2　螺纹的工艺结构（螺尾和退刀槽）

10.1.2　螺纹车削加工工艺的选择

1. 螺纹车削进刀方式的选择

螺纹车削的进刀方式是由切削机床、工件材料、刀片槽形及所加工螺纹的螺距来确定的，通常有以下三种进刀方式。

（1）径向进刀

径向进刀是最常用的切削方式。车刀左右两侧同时切削，所受轴向分力有所抵消。两侧面均匀磨损，能保证螺纹牙型清晰，但存在排屑不畅、散热不好、集中受力等问题。这种进刀方式适用于切削螺距为 1.5mm 以下的螺纹。

（2）单侧面进刀

刀具以和径向成 27°~30°角的方向进刀切削。切屑从切削刃上卷开，形成条状屑，散热较好。其缺点是切削刃另一面因不切削而发生摩擦，这会导致积屑瘤的产生，表面粗糙度值大和工件硬化。

（3）双侧面同时进刀

刀具以和径向成 27°~30°角的方向进刀切削。切削刃两面切削，不易形成积屑瘤，排屑流畅，散热好，螺纹表面粗糙度值较小。一般来说，此种进刀方式是车削不锈钢、合金钢和碳素钢的最好方法，约 90%的螺纹材料皆用此法。它通常可调用固定循环，编程方便。

2. 螺纹加工方式的选择

螺纹有右旋和左旋之分。按顺时针方向旋入的螺纹称为右旋螺纹，按逆时针方向旋入的螺纹称为左旋螺纹，如图 10-3 所示。工程上常用右旋螺纹。

3. 螺纹切削用量的选择

（1）主轴转速

在数控车床上加工螺纹，主轴转速受数控系统、螺纹导程、刀具、零件尺寸和材料

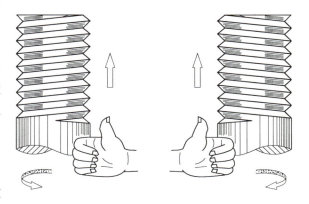

图 10-3　螺纹的加工方式

等多种因素影响。不同的数控系统,有不同的主轴转速推荐范围,操作者在仔细查阅说明书后,可根据实际情况选用,大多数经济型数控车床车削螺纹时,推荐主轴转速为

$$n \leqslant 1200/P - k \tag{10-1}$$

式中　P——螺纹的导程或螺距(mm);

　　　k——保险系数,一般取 80;

　　　n——主轴转速(r/min)。

例如,加工 M30×2 普通外螺纹时,主轴转速 $n \leqslant 1200/P - k = (1200/2 - 80)$ r/min = 520r/min,根据零件材料、刀具等因素取 $n = 400 \sim 500$ r/min,学生实习时一般取 $n = 400$ r/min。若是加工内螺纹,可以再小一些。

(2)背吃刀量的选用及分配

加工螺纹时,单边切削深度等于螺纹实际牙型高度时,一般取 $h = 0.65P$。车削时应遵循后一刀的背吃刀量不能超过前一刀的背吃刀量的原则,即递减的背吃刀量分配方式,否则会因切削面积的增加、切削力过大而损坏刀具。但为了提高螺纹表面质量,用硬质合金螺纹车刀时,最后一刀的背吃刀量不能小于 0.1mm。

常用螺纹加工的进给次数与背吃刀量可查表 10-2。

表 10-2　常用螺纹加工的进给次数与背吃刀量　　　　　　　　(单位:mm)

米制螺纹								
螺距		1.0	1.5	2.0	2.5	3.0	3.5	4.0
牙型高度		0.649	0.974	1.299	1.624	1.949	2.273	2.598
背吃刀量	切削次数							
	1 次	0.7	0.8	0.9	1.0	1.2	1.5	1.5
	2 次	0.4	0.6	0.6	0.7	0.7	0.7	0.8
	3 次	0.2	0.4	0.6	0.6	0.6	0.6	0.6
	4 次		0.16	0.4	0.4	0.4	0.6	0.6
	5 次			0.1	0.4	0.4	0.4	0.4
	6 次				0.15	0.4	0.4	0.4
	7 次					0.2	0.2	0.4
	8 次						0.15	0.3
	9 次							0.2
寸制螺纹								
螺纹参数 $a/(牙/in)$		24	18	16	14	12	10	8
牙型高度		0.678	0.904	1.016	1.162	1.355	1.626	2.083
背吃刀量	切削次数							
	1 次	0.8	0.8	0.8	0.8	0.9	1.0	1.2
	2 次	0.4	0.6	0.6	0.6	0.6	0.7	0.7
	3 次	0.16	0.3	0.5	0.5	0.6	0.6	0.6
	4 次		0.11	0.14	0.3	0.4	0.4	0.5
	5 次				0.13	0.21	0.4	0.5
	6 次						0.16	0.4
	7 次							0.17

（3）进给量 f

单线螺纹的进给量等于螺距，即 $f=P$。

多线螺纹的进给量等于导程，即 $f=P_h$。

在数控车床上加工双线螺纹时，进给量为一个导程，常用的方法是车削第一条螺纹后，轴向移动一个螺距（用 G01 指令），再加工第二条螺纹。

10.2 螺纹切削加工指令及编程

10.2.1 单行程螺纹切削指令 G32

1. 指令功能

G32 指令可用于直线加工等螺距的圆柱螺纹、锥螺纹、端面螺纹和连续的多段螺纹。

2. G32 指令的循环轨迹

G32 指令作用下刀具的运动轨迹是从起点到终点的一条直线，如图 10-4 所示。从起点到终点的位移量（X 轴按半径值）较大的坐标轴称为长轴，另一个坐标轴称为短轴，运动过程中主轴每转一圈，长轴移动一个螺距，短轴与长轴作直线插补，刀具切削工件时，在工件表面形成一条等螺距的螺旋切槽，实现等螺距螺纹的加工。

3. G32 指令格式

（1）指令格式

G32 X(U)_ Z(W)_ F(I)_；

X（U）：螺纹终点在 X 轴上的坐标。

Z（W）：螺纹终点在 Z 轴上的坐标。

F：米制螺纹螺距（0.001～500mm），为主轴转一圈长轴的移动量，F 指令值执行后保持有效，直至再次执行给定螺纹螺距的 F 指令值。

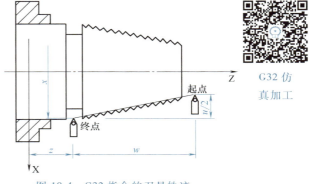

图 10-4 G32 指令的刀具轨迹

I 为每英寸螺纹的牙数（0.06～25400 牙/in），为长轴方向 1in（1in≈25.4mm）长度上螺纹的牙数，也可理解为长轴移动 1in 时主轴旋转的圈数。I 指令值执行后不保持，每次加工寸制螺纹都必须输入 I 指令值。

（2）指令说明

G32 为模态指令。

起点和终点的 X 坐标值相同（不输入 X 或 U）时，进行直螺纹切削。

起点和终点的 Z 坐标值相同（不输入 Z 或 W）时，进行端面螺纹切削。

起点和终点 X、Z 坐标值都不相同时，进行锥螺纹切削。

4. 编程实例

图 10-5 所示的螺纹螺距为 4mm，$\delta_1=3mm$，$\delta_2=3mm$，总切深为 1mm（单边），分两次切入。

M03 S300;（主轴以 300r/min 的转速正转）

T0101;（选择 1 号外螺纹车刀）

G00 X29 Z3;（第一次切入 0.5mm）

G32 X51 W-76 F4.0;(锥螺纹第一次切削)
G00 X55;(刀具退出)
Z3;(Z向回起点)
X28;(第二次再进刀 0.5mm)
G32 X50 W-76 F4.0;(锥螺纹第二次切削)
G00 X55;(刀具退出)
Z3;(Z向回起点)

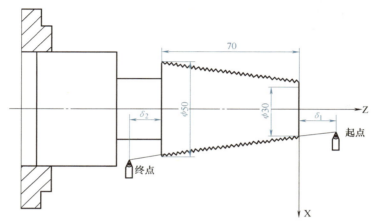

图 10-5　G32 编程实例图

5. 编程注意事项

1）由于在螺纹切削的开始及结束部分，X 轴、Z 轴的移动有加减速过程，此时的螺距误差较大，因此，需要在实际螺纹起点前留出一个引入长度 δ_1、在实际螺纹终点后留出一个引出长度（通常称为退刀槽）δ_2。

2）在 G32 指令的起点、终点和螺纹螺距确定的条件下，螺纹切削时 X 轴、Z 轴的移动速度由主轴转速决定，与切削进给速度倍率无关。螺纹切削时主轴倍率控制有效，主轴转速发生变化时，由于 X 轴、Z 轴的加减速会使螺距误差增大，因此，螺纹切削时不能进行主轴转速调整，更不能停止主轴（主轴停止将导致刀具和工件损坏）。

3）在螺纹切削时执行进给保持操作后，系统显示"暂停"，螺纹切削不停止，直到当前程序段后的第一个非螺纹切削程序段执行完才停止运动，程序运行暂停。

4）单程序段运行在螺纹切削时无效，在执行完当前程序段后的第一个非螺纹切削程序段后程序运行暂停。

5）系统复位、急停或驱动报警时，螺纹切削立即停止。

10.2.2　单一固定循环车削螺纹指令 G92

1. 指令功能

G92 指令可用于单一固定循环车削等距螺纹的直螺纹和锥螺纹。

2. G92 指令的循环轨迹

G92 指令的刀具轨迹，如图 10-6 所示：

1）从进刀点（循环起点）开始，径向（X 轴）快速移动到螺纹起点。

2）从螺纹起点进行螺纹插补，直至螺纹终点。

3）径向（X 轴）以快速移动速度退刀，至 X 轴绝对坐标与螺纹起点相同处。

4）轴向（Z 轴）快速移动返回到循环起点，循环结束。

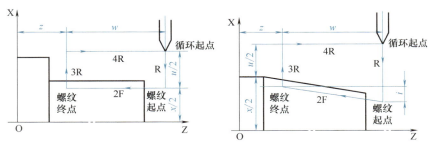

图 10-6　G92 指令的刀具轨迹

3. G92 指令的格式

指令格式如下：

G92 X(U)_ Z(W)_ F_;（直螺纹切削循环）

G92 X(U)_ Z(W)_ R_ F_;（锥螺纹切削循环）

直螺纹切削循环，常用格式如下：

G92 X(U)_ Z(W)_ F_;（第一次车削）

X(U)_;（第二次车削）

X(U)_;（第三次车削）

…（第 N 次车削循环）

指令说明：

G92 为模态指令。

X：切削终点 X 轴绝对坐标值。

U：切削终点与起点 X 轴绝对坐标值的差值。

Z：切削终点 Z 轴绝对坐标值。

W：切削终点与起点 Z 轴绝对坐标的差值。

R：切削起点与终点 X 轴绝对坐标的差值（半径值），当 R 与 U 的符号不一致时，要求 |R|≤|U/2|。

F：螺纹导程，取值范围为 0.001~500mm，F 指令执行后保持有效，可省略输入。

4. 编程实例

1）如图 10-7 所示，运用 G92 指令进行圆柱螺纹切削循环编程。

```
M03 S300;
T0101;
G00 X35 Z3;
G92 X29.2 Z-21 F1.5;
X28.6;
X28.2;
X28.04;
```

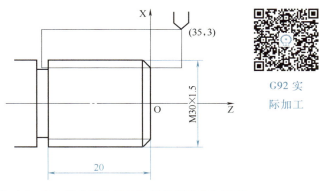

图 10-7　G92 指令圆柱螺纹切削循环编程实例图

G00 X100 Z50 M05;
M30;

2) 如图 10-8 所示，运用 G92 指令进行圆锥螺纹切削循环编程。

M03 S300;
T0101;
G00 X52 Z2;
G92 X49.6 Z-48 R-5 F2;
X48.7 Z-48 R-5;
X48.1 Z-48 R-5;
X47.5 Z-48 R-5;
X47.1 Z-48 R-5;
X47 Z-48 R-5;
G00 X100 Z50 M05;
M30;

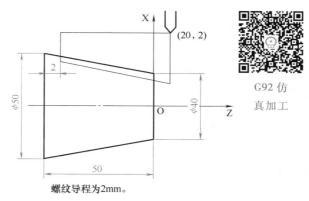

图 10-8 G92 指令圆锥螺纹切削循环编程实例图

10.2.3 螺纹切削复合循环指令 G76

1. 指令功能

螺纹复合循环指令可以实现用一个 G 功能指令完成螺纹段的全部加工任务，由系统根据程序指定的切削次数自动分配每次的切削深度（背吃刀量）来进行加工。它的进刀方法有利于改善刀具的切削条件，在编程中应优先考虑应用该指令。该螺纹切削循环指令的工艺性比较合理，编程效率较高。

2. G76 指令车削螺纹的循环轨迹

G76 指令的工具轨迹如图 10-9 所示。

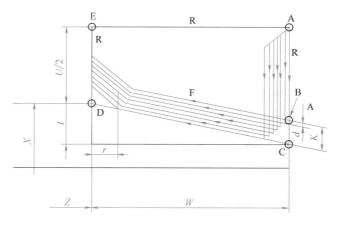

图 10-9 G76 指令的刀具轨迹

刀具以 A 点为切削循环起点，以 G00 方式沿 X 方向进给到牙顶 X 坐标处，再以螺纹切削方式到 Z 向终点（螺纹的轴向长度），形成收尾后到达 D 点，然后快速返回到 A 点，准备下一个循环，依此类推，直至循环结束，加工出完整的螺纹。

3. G76 指令格式

（1）指令格式

G76 Pm r a QΔd_{min} Rd；

G76 X U Z W Ri Pk QΔd FL；

（2）指令说明

P(m)：精加工次数 00~99 次，为模态值，在螺纹精车时，每次进给的切削量等于精车的切削量。

P(r)：螺纹 Z 向退尾长度，取值范围是 00~99，其单位为 0.1P，P 为螺纹螺距，为模态值，螺纹退尾功能可实现无退尾槽的螺纹加工。

P(a)：刀尖角度（两位数字），为模态值；在 80°、60°、55°、30°、29° 和 0° 六个角度值中选一个，用两位数指定。本指定是状态指定，在另一个指定前不会改变。

Q（Δd_{min}）：螺纹粗车时的最小切削深度（粗车的最后一刀深度），半径值，单位为 μm。当最后一次切削深度比 Δd_{min} 值还小时，则以 Δd_{min} 作为本次粗车的切削量。设置 Δd_{min} 是为了避免由于螺纹粗车切削量递减造成粗车切削用量过小、粗车次数过多。

R(d)：精加工余量（半径值）。

X：切削终点 X 轴绝对坐标值。

U：切削终点与起点 X 轴绝对坐标值的差值。

Z：切削终点 Z 轴绝对坐标值。

W：切削终点与起点 Z 轴绝对坐标的差值。

R(i)：螺纹切削起点与终点的半径差。当 $i=0$ 时，为直螺纹切削；未输入 R(i) 时，系统按 $i=0$（直螺纹）处理。

P(k)：螺纹牙型高度，该值由 X 轴方向上的半径值指定（0.65P）。

Q(Δd)：第一次切削深度（半径值）。

F(L)：螺纹导程。

（3）指令举例

G76 P040060 Q30 R0.05

G76 X13.4 Z-30 R0 P1300 Q200 F2

螺纹精车次数：4 次。

螺纹 Z 向退尾长度：11mm。

刀尖角度：60°。

螺纹粗车时的最小切削用深度：30μm = 0.03mm。

螺纹精加工余量：0.05mm。

螺纹终点 X 轴的绝对坐标值：（螺纹小径）13.4mm。

螺纹终点 Z 轴的绝对坐标值：-30mm。

螺纹切削起点与终点的半径差：0（圆柱螺纹）。

螺纹牙型高度：1300μm = 1.3mm。

第一次切削深度：200μm = 0.2mm，后面的切削深度按规律递减。

螺纹导程：2mm。

G76 实际加工

4. 编程实例

用 G76 指令加工螺纹，图 10-10 所示为零件轴上的一段圆柱螺纹，螺纹牙型高度为

2mm，螺距为 4mm，螺纹尾端倒角值为 0.1P，刀尖角为 60°，第一次切削深度为 0.8mm，最小切削深度为 0.1mm。

程序如下：

...

N13 M03 S300;
N14 T0101;
N15 G00 X62 Z2;
N16 G76 P040460 Q100 R0.05;
N17 G76 X50 Z-50 P200 Q80 F4;
N18 G00 X100;
N19 Z100;
N20 M30;

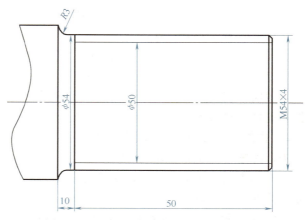

图 10-10　用 G76 指令加工圆柱螺纹实例图

G76 仿真加工

10.3　内螺纹切削工艺与编程

任务导入

内螺纹是在圆柱（圆锥）的内表面形成的螺纹，如图 10-11 所示。

10.3.1　内螺纹加工有关尺寸的确定

1. 内螺纹加工尺寸分析

车削内螺纹时，需计算实际车削时的内螺纹的底孔直径 D_1 及内螺纹实际大径 $D_{实}$，车削如图 10-12 所示的内螺纹，零件材料为 45 钢，试计算实际车削时内螺纹的底孔直径 D_1，以及内螺纹实际大径 $D_{实}$。

图 10-11　内螺纹

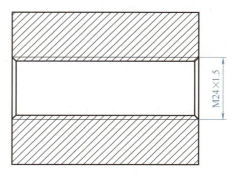

图 10-12　内螺纹加工尺寸分析图

1）由于车削时车刀的挤压作用，内孔直径要变小，所以车削时螺纹的底孔直径应大于螺纹小径。计算公式为

$$D_1 = D - 1.0825P \tag{10-2}$$

式中 D_1——螺纹小径（mm）；

D——内螺纹的公称直径（mm）；

P——内螺纹的导程或螺距（mm）。

一般实际切削时的内螺纹底孔直径的选择要考虑零件材料：钢和塑性材料取 $D_1 = D - P$；铸铁和脆性材料取 $D_1 = D - (1.05 \sim 1.1)P$。

2）内螺纹实际牙型高度同外螺纹，$h_{1实} = 0.6495P$，取 $h_{1实} = 0.65P$，内螺纹实际大径 $D_实 = D$，内螺纹小径 $D_1 = D - 1.3P$。

在本例中实际车削时的内螺纹的底孔直径取 $D_1 = D - P = 24\text{mm} - 1.5\text{mm} = 22.5\text{mm}$，螺纹实际牙型高度 $h_{1实} = 0.65P = 0.65 \times 1.5\text{mm} = 0.975\text{mm}$。

内螺纹实际大径 $D_实 = D = 24\text{mm}$，内螺纹小径 $D_1 = D - 1.3P = 24\text{mm} - 1.3 \times 1.5\text{mm} = 22.05\text{mm}$。

2. 螺纹起点与螺纹终点轴向尺寸的确定

如图 10-13 所示，由于车削螺纹起始需要一个加速过程，结束前有一个减速过程，因此车螺纹时，两端必须设置足够的升速进刀段 δ_1 和减速退刀段 δ_2。

δ_1 和 δ_2 的数值与螺纹的螺距和螺纹精度有关。

实际生产中，一般 δ_1 值取 2～5mm，大螺距和高精度的螺纹取大值，δ_2 值不得大于退刀槽宽度，一般为退刀槽宽度的一半左右，取 1～3mm，若螺纹收尾处没有退刀槽，则收尾处的形状与数控系统有关，一般按 45°退刀收尾。

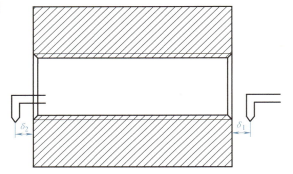

图 10-13 螺纹起点、螺纹终点分析图

加工本例中 M24×1.5 普通内螺纹时，根据螺距和螺纹精度确定 $\delta_1 = 3\text{mm}$、$\delta_2 = 5\text{mm}$。

10.3.2 内螺纹加工工艺分析

1. 切削用量的选用

在数控车床上加工螺纹，主轴转速受数控系统、螺尾导程、刀具、零件尺寸和材料等多种因素影响。不同的数控系统，有不同的主轴转速推荐范围，操作者在仔细查阅说明书后，可根据实际情况选用，大多数经济型数控车床车削螺纹时，推荐主轴转速为

$$n \leq 1200/P - k \tag{10-3}$$

式中 P——螺纹的导程或螺距（mm）；

k——保险系数，一般取 80；

n——主轴转速（r/min）。

例如加工 M24×1.5 普通内螺纹时，主轴转速 $n \leq 1200/P - k = (1200/1.5 - 80)\text{r/min} = 720\text{r/min}$，根据零件材料、刀具等因素取 $n = 500 \sim 700\text{r/min}$，学生实习时一般取 $n = 500\text{r/min}$。考虑到内螺纹的因素，可以再小一些。

2. 背吃刀量的选用及分配

加工螺纹时，单边切削深度等于螺纹实际牙型高度时，一般取 $h = 0.65P$。车削时应遵循

后一刀的背吃刀量不能超过前一刀的背吃刀量的原则,即按递减的背吃刀量分配方式,否则会因切削面积的增加、切削力过大而损坏刀具。但为了提高螺纹表面质量,用硬质合金螺纹车刀时,最后一刀的背吃刀量不能小于 0.1mm。

常用螺纹加工的进给次数与背吃刀量可查表 10-2。

3. 进给量 f

单线螺纹的进给量等于螺距,即 $f=P$。

多线螺纹的进给量等于导程,即 $f=P_h$。

10.3.3 编程实例

对如图 10-14 所示 M40×2 内螺纹编程。根据标准可知,其螺距为 2.309mm(即 25.4mm/11),牙型高度为 1.299mm,其他尺寸如图。用 5 次进给,吃刀量(直径值)分别为 0.9mm、0.6mm、0.6mm、0.4mm、0.1mm,螺纹刀刀尖角为 60°。

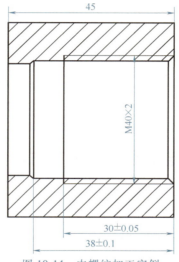

内螺纹加工实例

图 10-14 内螺纹加工实例

数控车床程序卡见表 10-3。

表 10-3 数控车床程序卡

数控车床程序卡	编程原点		工件右端面与轴线交点		编写日期	
	零件名称	内螺纹	零件图号	图 10-14	材料	45
	车床型号	CJK6240	夹具名称	自定心卡盘	实训车间	数控中心
程序号		O0001		编程系统	FANUC 0-TD	
序号		程序		简要说明		
N010		T0101;		换 1 号镗刀,确定其坐标系		
N020		M03 S500;		主轴以 500r/min 的转速正转		
N030		G00 X100 Z100;		到程序起点或换刀点位置		
N040		X40 Z4;		到简单外圆循环起点位置		
N050		X41.35;		倒角起点		
N060		G01 Z0;				

（续）

序号	程序	简要说明
N070	G01 X37.35 Z-2;	倒角
N080	Z-38 F80;	加工螺纹大径为 37.352mm = 39.95mm − 2 × 1.299mm
N090	X34 Z-40;	加工内轮廓
N100	Z-45;	
N110	G00 Z100;	到换刀点位置
N130	X100;	
N140	T0202;	换 2 号内螺纹刀,确定其坐标系
N150	G00 X40 Z4;	到螺纹循环起点位置
N160	G92 X38.25 Z-30 F2;	加工螺纹,吃刀量为 0.9mm
N170	X38.85;	加工螺纹,吃刀量为 0.6mm
N180	X39.45;	加工螺纹,吃刀量为 0.6mm
N190	X39.85;	加工螺纹,吃刀量为 0.4mm
N200	X39.95;	加工螺纹,吃刀量为 0.1mm
N210	G00 Z100;	到程序起点或换刀点位置
N220	M30;	主轴停,主程序结束并复位

10.4 典型螺纹车削工艺分析、编程及仿真实践

任务导入

加工如图 10-15 所示带有螺纹的轴类零件（图中未注倒角为 $C2$）。

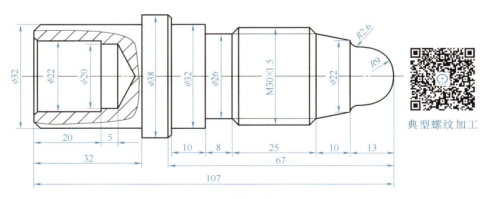

典型螺纹加工

图 10-15 带螺纹的轴类零件

10.4.1 工艺分析及编程

1. 工艺分析

（1）设备

根据零件图样要求，选用经济型数控车床即可，故选用 CJK6240 型卧式数控车床。

（2）刀具

1) 90°外圆车刀。

2) 35°外圆车刀。

3) φ20mm 麻花钻。

4) 内孔镗刀。

5) 切槽刀。

6) 60°外螺纹车刀。

（3）夹具

对于这类以轴线为工艺基准的零件，用自定心卡盘夹持 φ40mm 外圆，使工件伸出卡盘 100mm，一次装夹完成粗、精加工。

（4）量具

1) 游标卡尺：测量范围为 0～125mm。

2) 外径千分尺：测量范围为 0～25mm、25～50mm。

3) 螺纹环规。

（5）毛坯

毛坯采用 φ40mm 的棒料，长 140mm，材料为 45 钢。

（6）加工工序

1) 装夹工件左端车右端面，依次粗精车 φ38mm×75mm、φ32mm×66mm、φ30mm×56mm。

2) 切槽。切 φ26mm×8mm 螺纹退刀槽，加工出 M30×1.5 螺纹左端面处 C2 倒角。

3) 用螺纹车刀车削 M30×1.5 螺纹。

4) 调头装夹 φ32mm 外圆，车左端面到总长，粗车 φ32mm×32mm 外圆。

5) 用 φ20mm 麻花钻钻 φ20mm 底孔。

6) 用镗刀镗 φ22mm 内孔。

（7）切削用量

在粗加工阶段，主轴转速为 600r/min、进给量为 80mm/min；精加工阶段，主轴转速为 1000r/min；切槽阶段，主轴转速为 500r/min，进给量为 40mm/min。在车螺纹阶段，主轴转速为 500r/min。对于待加工的 M30×1.5 的普通外螺纹：螺距为 1.5mm，牙型高度 h = 0.974mm，走刀 4 次，切削用量选择见表 10-4。

表 10-4 切削用量选择

走刀次数	主轴转速/(r/min)	背吃刀量/mm	进给量/(mm/r)
1	500	0.8	1.5
2	500	0.6	1.5
3	500	0.4	1.5
4	500	0.16	1.5

2. 程序编写

编程及填写数控车床程序卡，见表 10-5 和表 10-6。90°外圆车刀装在 1 号刀位，切槽刀装在 2 号刀位，60°外螺纹车刀装在 3 号刀位，内孔镗刀装在 4 号刀位。

表 10-5 工件右端加工数控车床程序卡

数控车床程序卡	编程原点	工件右端面与轴线交点		编写日期	
	零件名称	带螺纹的轴类零件	零件图号	图 10-15	材料	45
	车床型号	CJK6240	夹具名称	自定心卡盘	实训车间	数控中心
程序号		O0001		编程系统	FANUC 0-TD

序号	程序	简要说明
N010	T0101;	换 1 号外圆车刀,确定其坐标系
N020	M03 S500;	主轴以 500r/min 的转速正转
N030	G00 X42 Z2;	到外圆循环起点位置
N040	G71 U2 R1;	选择粗加工切削指令(G71 指令固定循环)
N050	G71 P60 Q170 U0.5 F0.2;	
N060	G00 X0;	精车循环起点
N070	G01 Z0;	
N080	G03 X18 Z-9 R9;	加工 $R9$ 圆弧
N090	G02 X22 Z-13 R2.6;	加工 $R2.6$ 圆弧
N100	G01 X26 Z-23;	进给加工至(X26,Z-23)的位置
N110	X30 W-2;	倒角
N120	Z-56;	加工 $\phi 30mm \times 56mm$ 外圆
N130	X32;	进给加工至(X32,Z-56)的位置
N140	W-10;	加工 $\phi 32mm$ 外圆
N150	X36;	进给加工至(X36,Z-66)的位置
N160	X38 W-1;	倒角
N170	Z-75;	加工 $\phi 38mm$ 外圆
N180	G70 P60 Q170;	精加工
N190	G00 X100 Z100;	回到换刀点位置
N200	T0202;	换 2 号切槽刀
N210	G00 X35 Z-56;	刀具定位至(X35,Z-56)的位置
N220	G01 X26 F0.1;	切槽第一次走刀
N230	G00 X35;	退刀
N240	Z-53;	刀具定位至(X35,Z-53)的位置
N250	G01 X26 F0.1;	切槽第二次走刀
N260	G00 X35;	退刀
N270	Z-51;	定位倒角位置
N280	G01 X30 F0.1;	
N290	X26 W-2;	倒角
N300	G00 X100;	回到换刀点位置
N310	Z100;	

(续)

序号	程序	简要说明
N320	T0303；	换 3 号螺纹刀
N330	G00 X35 Z-23；	定位到螺纹起点位置
N340	G92 X29.2 Z-50 F1.5；	车螺纹第一次走刀
N350	X28.6；	加工螺纹,吃刀量为 0.6mm
N360	X28.2；	加工螺纹,吃刀量为 0.4mm
N370	X28.05；	加工螺纹,吃刀量为 0.15mm
N380	G00 X35；	退刀
N390	G00 X100 Z100；	回到换刀点位置
N400	M30；	程序结束

表 10-6　工件左端加工数控车床程序卡

数控车床程序卡	编程原点	工件左端面与轴线交点		编写日期		
	零件名称	带螺纹的轴类零件	零件图号	图 10-15	材料	45
	车床型号	CJK6240	夹具名称	自定心卡盘	实训车间	数控中心
程序号	O0001			编程系统	FANUC 0-TD	

序号	程序	简要说明
N010	T0101；	换 1 号外圆车刀,确定其坐标系
N020	M03 S500；	主轴以 500r/min 的转速正转
N030	G00 X62 Z2；	到外圆循环起点位置
N040	G71 U2 R1；	选择粗加工切削指令(G71 指令固定循环)
N050	G71 P60 Q120 U0.5 F0.2；	
N060	G00 X28；	精车循环起点
N070	G01 Z0；	
N080	X32 W-2；	倒角
N120	Z-32；	加工 ϕ32mm×32mm 外圆
N130	G70 P60 Q170；	精加工
N140	G00 X100 Z100；	回到换刀点位置
N150	T0404；	换 4 号内孔镗刀
N160	G00 X24 Z2；	刀具定位至(X24,Z2)位置
N170	G01 Z0 F0.2；	倒角起点
N180	X22 Z-1；	倒角
N190	Z-20；	镗 ϕ22mm×20mm 内孔
N200	G00 Z100；	退到换刀点
N210	X100；	
N220	M30；	程序结束

10.4.2 仿真实践

1）打开数控仿真软件，如图 6-20 所示。

2）松开急停按钮，进入编辑状态，将试验研究用的图样程序编写完整并输入系统。输入程序后编辑界面如图 10-16 所示。

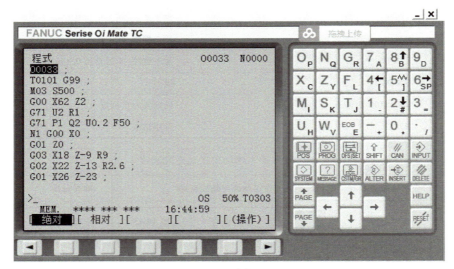

图 10-16　编辑界面

3）装入工件并选择所需刀具，装入工具和刀具后的界面如图 10-17 所示。

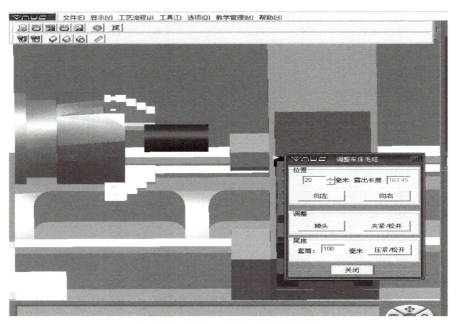

图 10-17　装入工件和刀具后的界面

4）试切对刀。工件和刀具装夹好以后要在手动状态下让主轴转动，然后移动刀具对工件进行试切。试切对刀界面如图 10-18 所示。

第 10 章 螺纹车削工艺及编程

图 10-18 试切对刀界面

将 X 和 Z 的值输入到指定位置并单击"测量",至此对刀工作就完成了。输入 X、Z 数值后的界面如图 10-19 所示。

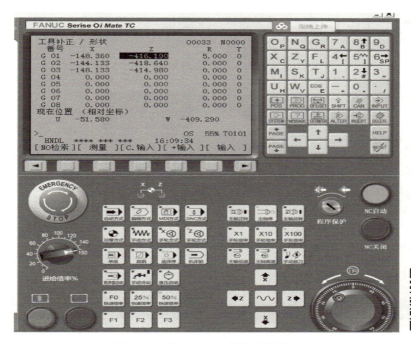

图 10-19 输入 X、Z 数值后的界面

5）选择自动加工功能,按"自动方式"按钮对工件右端进行加工。加工中的界面如图 10-20 所示,工件加工过程中既有声音又有动态画面显示。

图 10-21 所示是工件右端加工完成界面,可以大致看出加工后的工件右端与所给图样是否相符。

6）调头装夹,加工工件的左端,如图 10-22 所示。

典型螺纹
零件右端

典型螺纹
零件左端

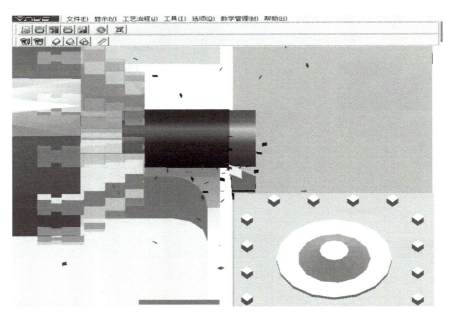

图 10-20　工件右端加工界面

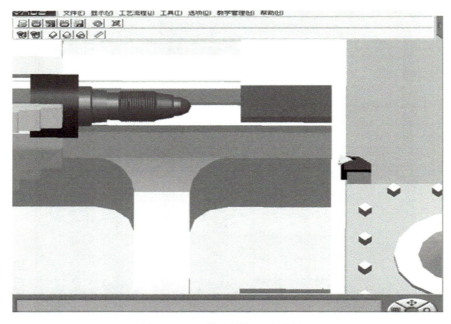

图 10-21　工件右端加工完成界面

用同样的方法加工，通过图像显示可以大致看出加工后的工件左端与所给图样是否相符，如图 10-23 所示。

通过对工件加工程序的测试，会发现很多问题，比如，刀具在粗车和精车中的走刀速度快慢、加工的图形是否正确等，解决发现的问题后再进行对刀车削，直至程序没有问题为止。然后把加工程序输入数控机床的数控系统中，按照模拟对刀的步骤进行对刀之后就可以进行实际加工了。

第 10 章　螺纹车削工艺及编程

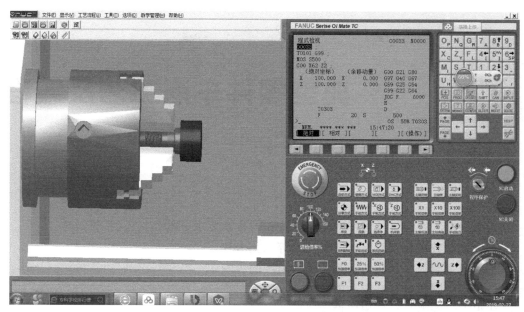

图 10-22　调头装夹

图 10-23　工件左端加工完成界面

第 11 章　典型零件车削工艺及编程

📖 教学目标

【知识目标】
1. 正确识图，并对零件图样进行工艺分析与技术要求分析。
2. 正确填写数控加工刀具卡、工艺卡等工艺卡片。
3. 了解刀尖圆弧半径，认识其对零件精度的影响。
4. 认识刀尖圆弧半径补偿功能。
5. 认识刀尖圆弧半径的偏置设置。

【能力目标】
1. 熟练运用编程指令编制典型轴类零件的数控加工程序。
2. 掌握典型零件加工与测量方法。
3. 掌握一般零件的数控仿真操作及加工操作方法。
4. 掌握刀尖圆弧半径补偿代码。
5. 掌握判断刀尖圆弧半径补偿方向的方法。
6. 掌握刀尖圆弧半径补偿的应用。

【素质目标】
1. 培养学生的知识应用能力、学习能力和动手能力。
2. 培养学生团队协作能力、成员协调能力和决策能力。
3. 让学生具备良好的沟通能力、评价自我和他人的能力。
4. 培养学生强烈的责任感和良好的工作习惯。

11.1　典型轴类零件车削工艺分析、编程及仿真加工

📖 任务导入

图 11-1 所示典型轴类零件表面由圆柱、圆弧、退刀槽、螺纹等表面组成，尺寸标注完整，毛坯材料为 45 钢，尺寸为 $\phi 60\text{mm} \times 100\text{mm}$，无热处理和硬度要求。

11.1.1　工艺分析

1. 零件图分析

在制定车削工艺之前，必须首先对零件的图样进行分析，分析零件图的结果将直接影响到加工程序的编制及零件的加工效果。零件图分析主要包括以下内容：

（1）构成零件轮廓的几何要素

由于设计等各种原因，在图样上可能出现加工轮廓数据不充分、尺寸模糊不清及尺寸封闭等缺陷，从而增加编程的难度，有时甚至无法编写程序。

（2）尺寸公差要求

在确定控制零件尺寸精度的加工工艺时，必须分析零件图样上的公差要求，从而正确地选择刀具及切削用量。

在尺寸公差要求的分析过程中，还可以同时进行一些编程尺寸的简单换算，如中值

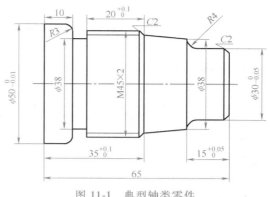

图 11-1 典型轴类零件

尺寸及尺寸链的计算等。在数控编程时，常常对零件要求的尺寸取其上极限尺寸和下极限尺寸的平均值（即中值）作为编程尺寸依据。

（3）几何公差要求

图样上给定的几何公差是保证零件精度的重要要求。在工艺准备过程中，除了按其要求确定零件的定位基准和检测基准，并满足其设计基准的规定，还可以根据机床的特殊需要进行一些技术性处理，以便有效地控制其几何误差。

（4）表面粗糙度的要求

表面粗糙度是保证零件表面微观精度的重要要求，也是合理选择机床、刀具及确定切削用量的重要依据。

2. 确定加工方案

零件上比较精密的表面常常是通过粗加工、半精加工和精加工逐步得到的。对这些表面仅仅根据表面质量要求直接选择相应的加工方法是不够的，还应正确地选择从毛坯到零件最终成形的加工方案。

1）装夹毛坯，毛坯伸出卡盘 75mm 左右，手动车端面并对外圆车刀进行对刀。

2）用外圆车刀粗、精加工外轮廓。

3）用切槽刀粗、精加工退刀槽。

4）用三角螺纹车刀加工螺纹。

5）去毛刺、切断，完成零件的加工。

该典型轴类零件的加工顺序为：预备加工→车端面→粗车轮廓→精车轮廓→粗车退刀槽→精车退刀槽→粗车螺纹→精车螺纹→切断。

3. 零件加工工艺

（1）确定加工顺序及进给路线

加工顺序按由粗到精、由近到远的原则确定，即从右到左进行外轮廓粗车（留 0.5mm 精车余量），然后从右到左进行外轮廓精车，粗车外轮廓，精车外轮廓，切退刀槽，最后进行螺纹粗加工，螺纹精加工。

（2）选择刀具

1）车端面：选用硬质合金 45° 车刀，粗、精车用一把刀完成。

2）粗、精车外圆：硬质合金 90° 仿形车刀（因为程序选用 G71 指令循环，所以粗、精选用同一把刀），$\kappa_r = 90°$，$\kappa_r' = 60°$。

3）切槽刀：选用硬质合金切槽刀（刀长为 12mm，刀宽为 5mm）。

4）螺纹刀：选用硬质合金 60°外螺纹车刀。

（3）选择切削用量

切削用量的选择见表 11-1。

表 11-1 切削用量表

工艺	主轴转速 $n/(\text{r/min})$	进给量 $f/(\text{mm/r})$	背吃刀量 a_p/mm
粗车外圆	500	0.5	1
精车外圆	1000	0.1	0.2
切退刀槽	200	0.4	0.2
粗车外螺纹	100	2	0.8、0.6、0.3、0.2
精车外螺纹	100	2	0.1

（4）编制数控加工刀具卡和数控加工工艺卡

数控加工刀具卡见表 11-2。

表 11-2 数控加工刀具卡

产品名称或代号			零件名称	典型轴	零件图号	
序号	刀具号	刀具规格名称	数量	加工表面		备注
1	T01	硬质合金 45°车刀	1	粗、精车端面		—
2	T02	硬质合金 90°车刀	1	粗、精车外轮廓		左偏刀
3	T03	硬质合金切槽刀	1	切槽		—
4	T04	硬质合金 60°外螺纹车刀	1	粗、精车螺纹		—
编制		审核	批准		年 月 日	共 页 第 页

用以上数据编制数控加工工艺卡，见表 11-3。

表 11-3 数控加工工艺卡

数控加工工艺卡		产品名称或代号		零件名称	零件图号
				典型轴	
单位名称		夹具名称		使用设备	车间
		自定心卡盘和活动顶尖			数控中心
序号	工序内容	刀具号	刀具规格	主轴转速 /(r/min)	进给速度 /(mm/min)	背吃刀量 /mm	备注
---	---	---	---	---	---	---	---
1	车端面	T01	硬质合金 45°车刀	450	80	0	手动
2	粗车外轮廓	T02	硬质合金 90°车刀	500	100	0.2	自动
3	精车外轮廓	T02	硬质合金 90°车刀	1000	80	0.1	自动
4	切退刀槽	T03	切槽刀	200	25	0	自动
5	粗车螺纹	T04	硬质合金 60° 外螺纹车刀	100	0.75	0.2	自动
6	精车螺纹	T04	硬质合金 60° 外螺纹车刀	100	0.75	0.1	自动
编制		审核	批准		年 月 日	共 页	第 页

11.1.2 编制程序

数控车床程序卡见表 11-4。

表 11-4 数控车床程序卡

数控车床程序卡	编程原点		工件右端面与轴线交点		编写日期	
	零件名称	典型轴类零件	零件图号	图 11-1	材料	45
	车床型号	CJK6240	夹具名称	自定心卡盘	实训车间	数控中心
程序号	O0001			编程系统	FANUC 0-TD	
序号	程序			简要说明		
N010	G99 M03 S500 T0101 F0.1;			指定外轮廓粗加工切削条件,设定转速,选择刀具		
N020	G00 X62 Z2;			指定外轮廓粗加工起刀点		
N030	G71 U2 R0.5;			选择粗加工切削指令（G71 指令固定循环）		
N040	G71 P50 Q160 U0.3 W0 F0.2;					
N050	G00 X0;			精车循环起点		
N060	G01 Z0;			刀具到达右端面		
N070	X26;			刀具直线插补到右端面倒角处		
N080	X30 Z-2;			倒角		
N090	Z-11;			加工 ϕ30mm 外圆		
N100	G02 X38 Z-15 R4;			加工 R4 倒角		
N110	G01 X41 Z-30;			加工圆锥		
N120	X44.85 Z-32;			倒角		
N130	Z-55;			加工 ϕ45mm 外圆		
N140	X45;			R2.5 圆弧起点		
N150	G03 X50 Z-58 R3;			倒 R3 圆角		
N160	G01 Z-65;			加工 ϕ50mm 外圆		
N170	G70 P50 Q160;			精车循环		
N180	G00 X100 Z100;			刀具快速返回换刀点		
N190	T0202;			换 2 号硬质合金 90° 车刀		
N200	M03 S200;			设定 200r/min 转速		
N210	G00 X52 Z-55;			刀具快速到达起刀点		
N220	G01 X38;			直线插补到槽底		
N230	G00 X100;			退刀		
N240	Z100;			刀具快速返回到换刀点		
N250	T0303;			换 3 号硬质合金切槽刀		
N260	M03 S100;			设定 100r/min 转速		
N270	G00 X47 Z-28;			刀具快速到达起刀点		
N280	G92 X46 Z-52 F2;			指定螺纹加工指令		

(续)

序号	程序	简要说明
N290	X44.5;	第一次走刀
N300	X44;	第二次走刀
N310	X43.7;	第三次走刀
N320	X43.5;	第四次走刀
N330	X43.4;	第五次走刀
N340	X43.4;	第六次走刀
N350	G00 X100 Z100;	刀具快速返回换刀点
N360	M30;	程序结束
N370	T0202;	换 2 号硬质合金 90°车刀
N380	G00 X62 Z-70;	定位到切断位置
N390	G01 X0 F0.2;	切断
N400	G00 X100;	退刀
N410	Z100;	刀具回到换刀点
N420	M30;	程序结束

11.1.3 仿真加工

1）打开数控仿真软件，开机界面如图 11-2 所示。

典型零件仿真

图 11-2 斐克仿真开机界面

2）松开急停按钮，进入编辑状态，将试验研究用的图样程序编写完整并输入系统。输入程序后编辑界面如图 11-3 所示。

3）装入工件并选择所需刀具，装入后机床的界面状态如图 11-4 所示。

4）试切对刀。

工件和刀具装夹好以后要在手动状态下让主轴转动，然后移动刀具对工件进行试切。试切对刀界面如图 11-5 所示。

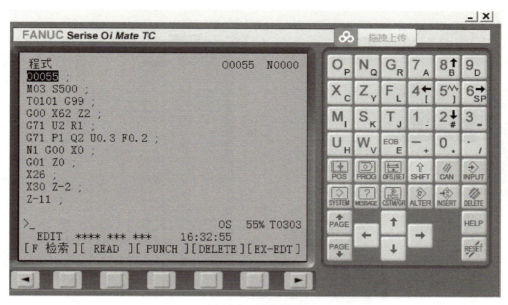

图 11-3 编辑界面

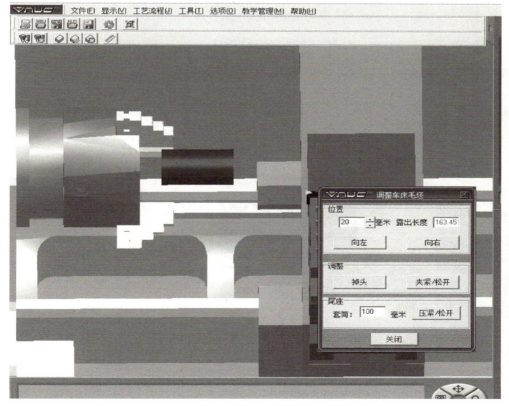

图 11-4 装入工件和刀具后机床的界面

5）选择自动加工功能，并按"自动方式"按钮对工件进行加工。加工中的界面如图 11-6 所示，工件加工过程中既有声音又有动态画面显示。

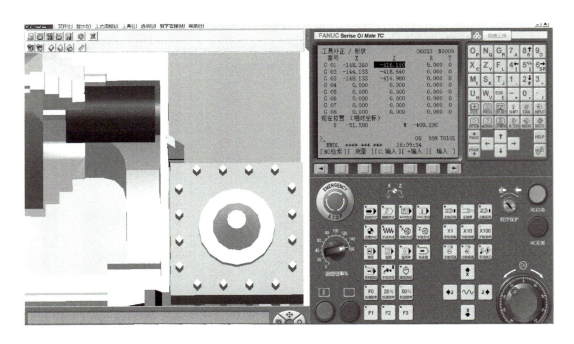

图 11-5 试切对刀界面

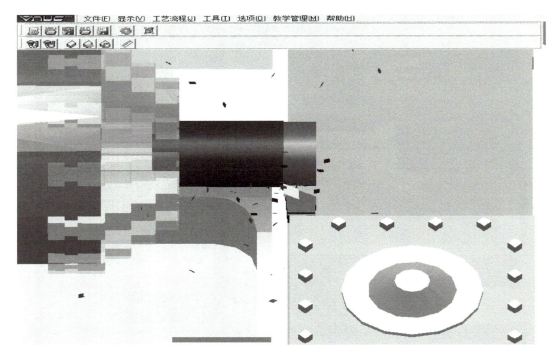

图 11-6 加工界面

图 11-7 所示是加工完成界面，可以大致看出加工后的工件与所给图样是否相符。

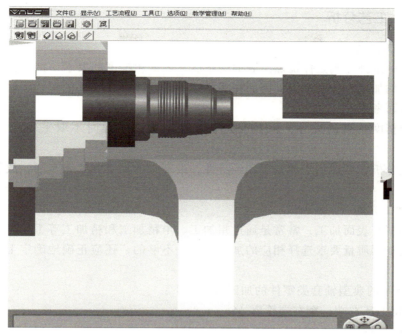

图 11-7 加工完成界面

11.2 典型轴套类零件车削工艺分析、编程及仿真加工

任务导入

图 11-8 所示典型轴套类零件表面由圆柱、逆圆弧、退刀槽、螺纹、内孔、内槽、内螺纹等表面组成,尺寸标注完整,毛坯材料为 45 钢,尺寸为 $\phi 65mm \times 125mm$,无热处理和硬度要求。

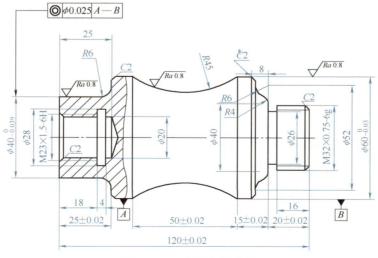

图 11-8 典型轴套类零件

11.2.1 工艺分析

1. 确定加工方法

加工方法的选择原则是保证加工表面的精度和表面粗糙度的要求，由于获得同一级精度及表面粗糙度的加工方法有许多，因而在实际选择时，要结合零件的形状、尺寸大小和几何公差等要求全面考虑。

图上几个精度较高的尺寸，因其公差值较小，所以编程时不取平均值，而取其公称尺寸。

通过以上分析，考虑加工的效率和经济性，最理想的加工方式为车削，故加工设备采用数控车床。

2. 确定加工方案

零件上的精密表面加工，常常是通过粗加工、半精加工和精加工等工序逐步完成的。对这些表面仅仅根据质量要求选择相应的加工方法是不够的，还应正确地确定毛坯到最终成形的加工方案。

图 11-8 所示的典型轴套类零件的加工方案如下：

1）先夹持毛坯右端，车右端轮廓 $\phi 65mm$ 处。
2）用中心钻打中心孔。
3）用 $\phi 8$ 的钻头钻深度为 25mm 的孔。
4）用 $\phi 20$ 的钻头扩孔。
5）用镗刀镗 $\phi 22.5mm$ 的孔。
6）用切槽刀加工 $\phi 28$ 的退刀槽。
7）用内螺纹刀车 M23×1.5-6H 的螺纹。
8）车 $R6$ 和 $R45$ 的圆弧。
9）调头加工 $R4mm$、$R6mm$ 的圆弧及 $\phi 60mm$ 的外轮廓。
10）切退刀槽。
11）车 M32×0.75-6g 的螺纹。

该典型轴套的加工顺序为：预备加工→车端面→钻孔→镗孔→切内螺纹退刀槽→车内螺纹→粗车左端轮廓→精车左端轮廓→调头→车端面→粗车轮廓→精车轮廓→切退刀槽→粗车螺纹→精车螺纹。

3. 零件加工工艺

（1）确定加工顺序及进给路线

加工顺序按由粗到精、由近到远的原则确定。

工件左端加工顺序如下：

1）从左到右进行外轮廓粗车（留 0.5mm 精车余量）。
2）从左到右进行外轮廓精车。
3）钻孔。
4）镗内退刀槽。
5）镗内螺纹。
6）工件调头

工件右端加工顺序如下：

1）粗车外轮廓。
2）精车外轮廓。
3）切退刀槽。
4）螺纹粗加工。
5）螺纹精加工。

（2）选择刀具

1）车端面：选用硬质合金45°车刀，粗车、精车采用同一把车刀。
2）粗车、精车外圆：（因为程序选用G71循环指令，所以粗车、精车选用同一把车刀）硬质合金90°车刀。
3）钻孔：选用硬质合金ϕ18钻头。
4）镗孔：选用硬质合金90°内镗孔刀。
5）内槽刀：选用硬质合金内槽刀。
6）内螺纹刀：选用硬质合金60°内螺纹刀。
7）切槽刀：选用硬质合金切槽刀。
8）外螺纹刀：选用硬质合金60°外螺纹刀。

（3）选择切削用量（表11-5）

表11-5 切削用量选择

工艺	主轴转速 n/(r/min)	进给量 f/(mm/r)	背吃刀量 a_p/mm
粗车外圆	800	1	0.8
精车外圆	900	0.5	0.2
钻孔	350	0.3	22
粗镗孔	800	0.5	1.5
精镗孔	900	0.5	0.2
加工内退刀槽	350	0.4	5
粗车内螺纹	300	1.5	0.8、0.4、0.3、0.2
精车内螺纹	300	1.5	0.1
加工外退刀槽	350	0.5	6
粗车外螺纹	300	0.75	0.4、0.2、0.1
精车外螺纹	300	0.75	0.1

（4）数控加工刀具卡见表11-6，数控加工工艺卡见表11-7。

表11-6 数控加工刀具卡

产品名称或代号			零件名称	典型轴套类零件	零件图号	
序号	刀具号	刀具规格名称	数量	加工表面	刀尖半径/mm	备注
1	T01	硬质合金45°车刀	1	粗、精车端面	0.4	
2	T02	硬质合金90°车刀	1	粗、精车外轮廓	0.2	
3	T03	硬质合金90°镗刀	1	粗、精镗孔、内螺纹	0.3	
4	T04	硬质合金内槽刀	1	切槽	0.2	

（续）

序号	刀具号	刀具规格名称	数量	加工表面	刀尖半径/mm	备注
5	T05	硬质合金 φ16mm 钻头	1	钻孔		
6	T06	硬质合金 60°外螺纹车刀	1	粗、精车螺纹	0.3	
7	T07	φ5mm 中心钻	1	钻孔		
8	T08	硬质合金切槽刀	1	切槽	0.2	
编制		审核		批准	共 页	第 页

表 11-7 数控加工工艺卡

数控加工工艺卡		产品名称或代号		零件名称	零件图号
				典型轴套类零件	
单位名称		夹具名称		使用设备	车间
		自定心卡盘和活动顶尖			数控中心
序号	工序内容	刀具号	刀具规格/mm	主轴转速/(r/min)	进给速度/(mm/min)	背吃刀量/mm	备注
---	---	---	---	---	---	---	---
1	车端面	T01	25×25	450	80	0	手动
2	打中心孔	T07	φ5	900	20	2.5	手动
3	使用 φ16mm 的钻头钻孔，孔深为 25mm	T05	φ16	300	20	1.5	手动
4	使用硬质合金内槽刀切槽（槽宽为 4mm）	T04	25×25	200	25	0	自动
5	使用硬质合金 90°镗刀粗、精镗孔、内螺纹	T03	25×25	800	100	0.2	自动
6	硬质合金 90°车刀粗、精车左端面外轮廓	T02	25×25	900	80	0.2	自动
7	调头车右端面	T01	25×25	450	80	0	自动
8	硬质合金 90°车刀粗、精车右端面外轮廓	T02	25×25	900	80	0.2	自动
9	硬质合金切槽刀加工退刀槽	T08	25×25	200	25	0	自动
10	硬质合金 60°外螺纹车刀粗、精车螺纹	T06	25×25	320			
编制		审核		批准	年 月 日	共 页	第 页

11.2.2 编制程序

工件左端和右端的加工程序卡见表 11-8 和表 11-9。

表 11-8　工件左端加工数控车床程序卡

数控车床程序卡	编程原点	工件左端面与轴线交点		编写日期	
	零件名称	典型轴套类零件	零件图号	图 11-8	材料	45
	车床型号	CJK6240	夹具名称	自定心卡盘	实训车间	数控中心
程序号		O0001		编程系统	FANUC 0-TD
序号	程序			简要说明	
N010	T0202;			调用 2 号硬质合金 90°车刀	
N020	M03 S800;			主轴以 800r/min 正转	
N030	G00 X62 Z2;			到循环加工起点	
N040	G71 U1 R0.5;			选择粗加工切削指令（G71 指令固定循环）	
N050	G71 P60 Q130 U0.5 W0 F100;				
N060	G01 X0 F80;			精加工循环	
N070	Z0;			到工件圆心位置	
N080	X40 C2;			倒角	
N090	Z-19;			加工 ϕ40mm 外圆	
N100	G02 X52 Z-25 R6;			加工 R6mm 的圆弧	
N110	G01 X60 C2;			倒角	
N120	Z-35;			加工 ϕ60mm 外圆	
N130	G02 X60 Z-80 R45;			加工 R45mm 的凹圆弧	
N140	G70 P60 Q130;			精车循环	
N150	G00 X100 Z100;			回到换刀点	
N160	T0303;			调用 3 号硬质合金 60°镗刀	
N170	G00 X15 Z2;			到循环加工起点	
N180	G01 X21.05 F60;			镗内螺纹底孔	
N190	Z-22;			镗孔	
N200	G01 X16;			到安全点退刀	
N210	Z100;			回到换刀点	
N220	G00X100;				
N230	T0404;			换 4 号硬质合金内槽刀	
N240	M03 S300;			主轴以 300r/min 正转	
N250	G00 X16;			刀具定位	
N260	G01Z-22 F60;				
N270	G01 X28 F30;			切内槽	
N280	X16;			退刀	
N290	G0 Z100;			回到换刀点	
N300	X100;				
N310	T0505;			换 5 号硬质合金 60°镗刀	
N320	M03 S200;			主轴以 200r/min 正转	

（续）

序号	程序	简要说明
N330	G00 X20 Z2；	定位内螺纹循环起点
N340	G92 X21.8 Z-18 F1.5；	加工螺纹第一次走刀
N350	X22.2；	加工螺纹第二次走刀
N360	X22.6；	加工螺纹第三次走刀
N370	X22.8；	加工螺纹第四次走刀
N380	X23；	加工螺纹第五次走刀
N390	X23；	加工螺纹第六次走刀
N400	G00 Z100；	回到换刀点
N410	X100；	
N420	M30；	程序结束

表 11-9 工件右端加工数控车床程序卡

数控车床程序卡	编程原点	工件右端面与轴线交点		编写日期	
	零件名称	典型轴套类零件	零件图号	图 11-8	材料	45
	车床型号	CJK6240	夹具名称	自定心卡盘	实训车间	数控中心
程序号	O0001		编程系统		FANUC 0-TD	
序号	程序		简要说明			
N010	T0202；		调用 2 号硬质合金 90°车刀			
N020	M03 S800；		主轴以 800r/min 正转			
N030	G00 X62 Z5；		到循环加工起点			
N040	G71 U1 R0.5；		选择粗加工切削指令（G71 指令固定循环）			
N050	G71 P60 Q140 U0.5 W0 F100；					
N060	G01 X0 F80；		精加工循环			
N070	Z0；		到工件圆心位置			
N080	X32 C2；		倒角			
N090	Z-20；		加工 ϕ32mm 外圆			
N100	X34；					
N110	G03 X42 Z-22 R4；		加工 R4mm 的圆弧			
N120	G02 X52 Z-28 R6；		加工 R6mm 的圆弧			
N130	G01 X60 C2；		倒角			
N140	Z-36；		加工 ϕ60mm 外圆			
N150	G70 P60 Q140；		精车循环			
N160	G00 X100 Z100；		回到换刀点			
N170	T0303；		调用 3 号切槽刀			
N180	M03 S300；		主轴以 300r/min 正转			
N190	G00 X35；		运动到切槽点 X 方向			
N200	Z-20；		运动到切槽点 Z 方向			

(续)

序号	程序	简要说明
N210	G01 X26 F25;	切槽
N220	G04 X2;	在槽底暂停 2s
N230	G01 X35;	退刀
N240	G00 X100 Z100;	回到换刀点
N250	T0404;	调用 4 号硬质合金 60°外螺纹刀
N260	M03 S100;	主轴以 100r/min 正转
N270	G00 X32 Z2;	定位螺纹循环起点
N280	G92 X31.8 Z-18 F0.75;	加工螺纹第一次走刀
N290	X31.65;	加工螺纹第二次走刀
N300	X31.35;	加工螺纹第三次走刀
N310	X31.25;	加工螺纹第四次走刀
N320	X31.25;	加工螺纹第五次走刀
N330	G00 X100 Z100;	回到换刀点
N340	M30;	程序结束

11.2.3 仿真加工

1) 打开数控仿真软件, 选择机床、数控系统型号, 如图 11-9 所示。

图 11-9 选择机床、数控系统型号界面

2) 松开急停按钮, 进入编辑状态, 将试验研究用的图样程序编写完整并输入系统, 编辑界面如图 11-10 所示。

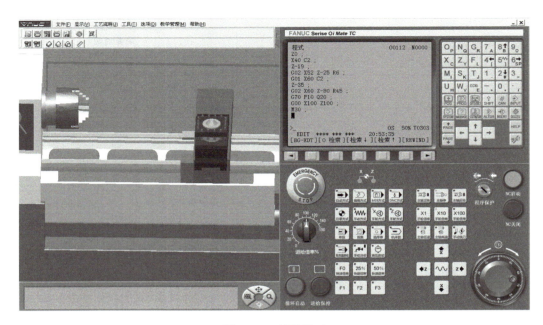

图 11-10 编辑界面

3）装入工件并选择所需刀具，打开"车床毛坯"对话框后系统的界面如图 11-11 所示。

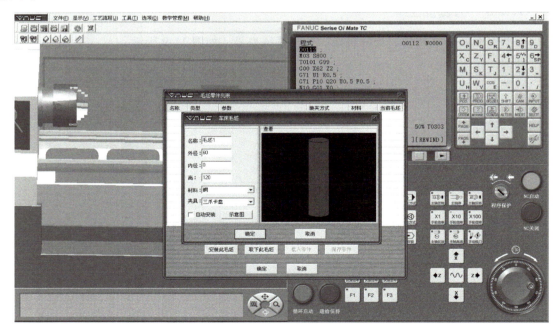

图 11-11 打开"车床毛坯"对话框后系统的界面

4）试切对刀。

工件和刀具装夹好以后要在手动状态下让主轴转动，然后移动刀具对工件进行试切。试切对刀界面如图 11-12 所示。

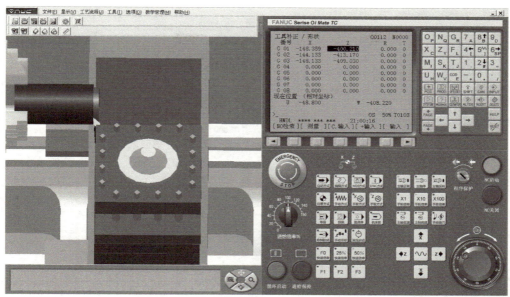

图 11-12 试切对刀界面

5)选择自动加工功能,并按"自动方式"按钮对工件进行加工。加工中的界面如图 11-13 所示,工件加工过程中既有声音又有动态画面显示。

典型轴套类零件左端仿真

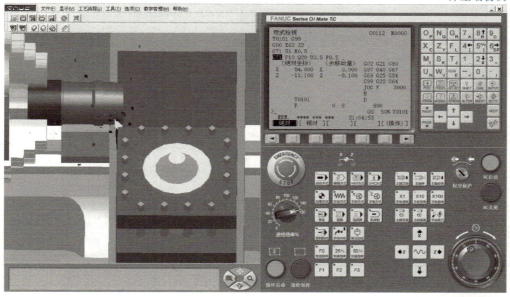

图 11-13 加工界面

图 11-14 所示是工件左端加工完成界面,可以大致看出加工后的工件与所给图样是否相符。

6)调头装夹,用同样的方法加工工件的右端。工件右端加工完成界面如图 11-15 所示。

典型轴套类零件右端仿真

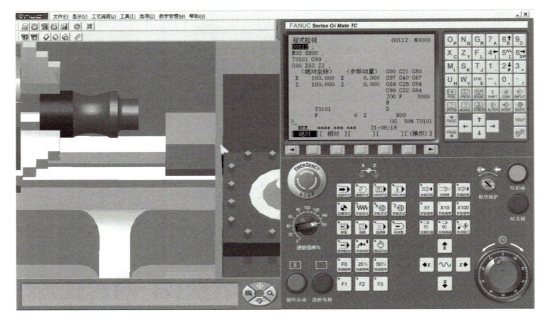

图 11-14　工件左端加工完成界面

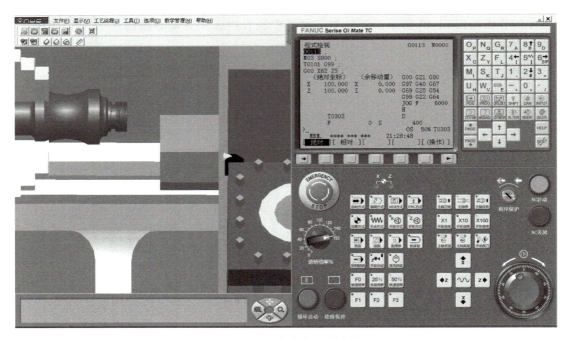

图 11-15　工件右端加工完成界面

11.3　选用可转位车刀的刀尖圆弧半径及补偿

可转位车刀的刀尖部分有一定的小圆弧。这个小圆弧会影响圆弧和圆锥等的尺寸精度和形状精度，那么怎样来解决这样的问题呢？下面介绍刀尖圆弧半径补偿的相关知识。

11.3.1 刀尖圆弧半径含义及其对零件精度的影响

1. 刀尖圆弧半径的定义

在数控切削加工中,为了提高刀尖的强度,降低加工表面粗糙度值,刀尖处呈圆弧过渡。在车削内孔、外圆或端面时,刀尖圆弧不影响其尺寸、形状,但在切削锥面或圆弧时,就会造成过切或少切现象。

2. 刀尖圆弧半径对零件精度的影响

编程时,通常都将车刀刀尖作为一个点来考虑,但实际上刀尖处存在圆角,当用按理论刀尖点编出的程序进行端面、外径、内径等与轴线平行或垂直的表面加工时,是不会产生误差的。但在实际进行倒角、锥面及圆弧切削时,则会产生少切或过切现象。具有刀尖圆弧半径补偿功能的数控系统能根据刀尖圆弧半径计算出补偿量,避免少切或过切现象的产生,所以对刀刀尖的位置是一个假想刀尖 O',如图 11-16 所示,编程时是按假想刀尖轨迹编程的,即工件轮廓与假想刀尖 O 重合,但实际车削时起作用的切削刃的轨迹却是圆弧各切点,这样就引起加工表面形状误差的出现。

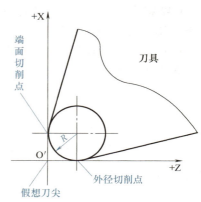

图 11-16 刀尖示意图

车内外圆柱、端面时无误差产生,实际切削刃的轨迹与工件轮廓轨迹一致。车锥面时,工件轮廓(即编程轨迹)与实际形状(实际切削刃)有误差,如图 11-17 所示。

同样地,车削外圆弧面也产生误差,如图 11-18 所示。

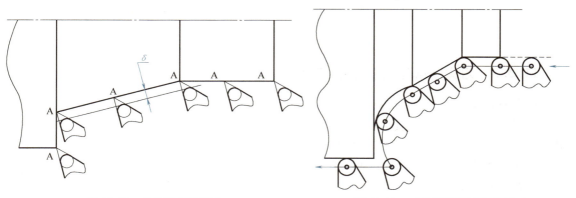

图 11-17 对车锥面的影响　　　　图 11-18 对车削外圆弧面的影响

为保持工件轮廓形状,加工时不允许刀具中心轨迹与被加工工件轮廓重合,而应与工件轮廓偏移一个半径值 R,这种偏移称为刀尖圆弧半径补偿。采用刀尖圆弧半径补偿功能后,编程者仍按工件轮廓编程,数控系统会计算刀尖轨迹,并按刀尖轨迹运动,从而消除了刀尖圆弧半径对工件形状的影响。

11.3.2 刀尖圆弧半径补偿指令

一般数控装置都有刀尖圆弧半径补偿功能,为编制程序提供了方便。使用有刀尖圆弧半径补偿功能的数控系统编制工件加工程序时，不需要计算刀具中心运动轨迹，而只按工件轮廓编程。使用刀尖圆弧半径补偿指令，并在控制面板上手动输入刀尖圆弧半径，数控装置便能自动地计算出刀具中心轨迹，并按刀具中心轨迹运动。即在执行刀尖圆弧半径补偿后，刀具自动偏离工件轮廓一个刀尖圆弧半径值，从而加工出所要求的工件轮廓。

刀尖圆弧半径补偿功能是通过 G41、G42、G40 指令及 T 指令指定的刀尖圆弧半径补偿号加入或取消的。

G41 指令：刀尖圆弧半径左补偿，沿刀具运动方向看，刀具位于工件左侧时的刀尖圆弧半径补偿。如图 11-19 所示。

G42 指令：刀尖圆弧半径右补偿，沿刀具运动方向看，刀具位于工件右侧时的刀尖圆弧半径补偿。如图 11-19 所示。

G40 指令：刀尖圆弧半径补偿取消，即使用该指令后，G41、G42 指令变为无效。

程序段格式：G41/G42 G00/G01 X(U)_ Z(W)_ ;
　　　　　　G40 G00/G01 X(U)_ Z(W)_ ;

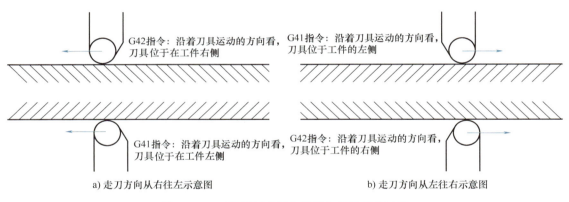

图 11-19　刀尖圆弧半径左补偿与右补偿的区分

11.3.3　刀尖圆弧半径补偿的应用

1. G41、G42 指令不能重复使用

在前面的程序中有了 G41 或 G42 指令之后，不能再直接使用 G41 或 G42 指令。若想使用，则必须先用 G40 指令解除原补偿后，再使用 G41 或 G42 指令，否则补偿就会不正确。

2. 刀尖圆弧半径补偿的建立和取消

刀尖圆弧半径补偿应当用 G00 或 G01 指令来建立和取消。如果采用 G02/G03 指令进行刀补的话，刀具路径将会出现错误。因此，刀尖圆弧半径补偿的建立应当在切削进程启动之前完成，并且能够避免从工件外部起刀带来的过切现象；反之，要在切削进程之后用移动命令来取消刀尖圆弧半径补偿。

3. 刀尖方位的确定

具备刀尖圆弧半径补偿功能的数控系统，除利用刀尖圆弧半径补偿指令外，还应根据刀具在切削时的位置，来选择假想刀尖的方位。按假想刀尖的方位，确定补偿量。有 8 种假想刀尖的方位可以选择（见图 11-20）。箭头表示刀尖方向，如果按刀尖圆弧中心编程，则选用 0 或 9。

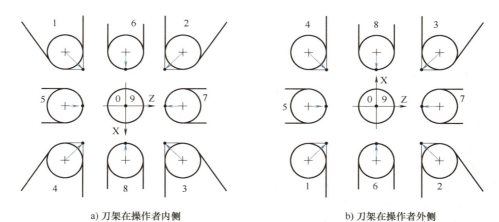

a) 刀架在操作者内侧　　　　　　b) 刀架在操作者外侧

图 11-20　刀尖方位

4. 刀尖圆弧半径的选择

选择刀尖圆弧半径的大小时，注意以下几点：

1) 刀尖圆弧半径不宜大于凹形零件轮廓的最小半径，以免发生加工干涉；该半径又不宜选择太小，否则会因其刀头强度太弱或刀体散热能力差，使车刀容易损坏。

2) 刀尖圆弧半径应与最大进给量相适应，一方面，刀尖圆弧半径宜大于或等于最大进给量的 1.25 倍，否则将恶化切削条件，甚至出现螺纹状表面和打刀等问题；另一方面，刀尖圆弧半径太大容易使刀具切削时发生颤振，一般说来，刀尖圆弧半径在 0.8mm 以下时不容易导致加工颤振。

3) 刀尖圆弧半径与进给量在几何学上与加工表面的残留高度有关，从而影响到加工表面的表面粗糙度。小进给量、大的刀尖圆弧半径，可减小残留高度，得到小的表面粗糙度值。

4) 在 CNC 编程加工时，应考虑经测量认定的刀尖圆弧半径，并进行刀尖圆弧半径补偿，该刀尖圆弧相当于在加工轮廓上滚动切削，刀尖圆弧制造精度和刀尖半径测量精度应当与轮廓的形状精度相适应。

5. 参数输入

每个刀具对应有一组 X 和 Z 的刀具位置补偿值、刀尖圆弧半径 R 值以及刀尖方位值 T，当程序中用到刀尖圆弧半径补偿时，就要在参数 R 和 T 的位置输入相应的刀尖圆弧半径和刀尖方位值，如图 11-21 所示。

图 11-21　参数输入

参考文献

［1］ 钟翔山. 图解数控车削入门与提高［M］. 北京：化学工业出版社，2015.
［2］ 韩鸿鸾，韩钰. FANUC 数控车床工艺与编程［M］. 北京：化学工业出版社，2016.
［3］ 韩鸿鸾，李志伟，倪建光. 数控车床结构与维修［M］. 北京：化学工业出版社，2016.
［4］ 徐斌. 数控车削技术训练［M］. 北京：高等教育出版社，2015.
［5］ 陈子银，任国兴. 数控车削加工技术与综合实训：FANUC 系统［M］. 北京：机械工业出版社，2016.
［6］ 荀占超，赵艳珍，田峰. 数控车工工艺编程与操作［M］. 北京：机械工业出版社，2017.
［7］ 李兴凯. 数控车床编程与操作［M］. 北京：北京理工大学出版社，2016.
［8］ 卢孔宝，顾其俊. 数控车床编程与图解操作［M］. 北京：机械工业出版社，2018.
［9］ 关颖. 数控车床编程与操作项目教程［M］. 东营：中国石油大学出版社，2016.